定積分の計算

田中　久四郎　著

「d-book」シリーズ

http：//euclid.d-book.co.jp/

電気書院

目　次

1　定積分の性質

- 1・1　定積分とは ……………………………………………………………………… 1
- 1・2　定積分の定義の拡張 …………………………………………………………… 8
- 1・3　定積分の計算法 ………………………………………………………………… 9
  - (1)　不定積分の結果を用いる定積分の計算 …………………………………… 9
  - (2)　定積分における置換積分法 ………………………………………………… 12
  - (3)　定積分における部分積分法 ………………………………………………… 14
- 1・4　定積分の近似計算法 …………………………………………………………… 18
  - (1)　台形公式 による場合 ……………………………………………………… 18
  - (2)　シンプソンの公式 による場合 …………………………………………… 19
  - (3)　級数展開 による場合 ……………………………………………………… 21
  - (4)　図解定積分法 ……………………………………………………………… 21
- 1・5　重要な定積分 …………………………………………………………………… 23

2　定積分の応用一般

- 2・1　平面形面積の計算 ……………………………………………………………… 24
- 2・2　曲線の長さの計算 ……………………………………………………………… 32
- 2・3　立体，回転体の体積の計算 …………………………………………………… 38
- 2・4　立体，回転体の表面積の計算 ………………………………………………… 42

3　定積分の計算例題　　50

4　定積分の計算の要点

- 〔1〕定積分の性質 …………………………………………………………………… 72
- 〔2〕特異積分 ………………………………………………………………………… 74
- 〔3〕定積分での置換積分法 ………………………………………………………… 74
- 〔4〕定積分での部分積分法 ………………………………………………………… 74
- 〔5〕定積分の 近似計算法 …………………………………………………………… 74

〔6〕 平面図形の面積 ………………………………………………… 75
〔7〕 曲線の長さ ……………………………………………………… 76
〔8〕 立体・回転体の体積 …………………………………………… 76
〔9〕 立体・回転体の表面積 ………………………………………… 76

5　定積分の計算の練習問題　　78

練習問題の解答 ………………………………………………………… 83

1 定積分の性質

1·1 定積分とは

変数 x を横座標にとって連続関数 $f(x)$ をあらわしたとき

$$\int_a^b f(x)\,dx = \bigl[F(x)\bigr]_a^b = F(b) - F(a)$$

は $f(x)$ の曲線がX軸との間に形成する面積のうち，図 1·1 に示すように，$x=a$ から **定積分** $x=b$ までの面積 $a\text{AB}ba$ をあらわし，これを下端 a から上端 b までの**定積分**といい，f **被積分関数** (x) を**被積分関数**，x を**積分変数**という．この被積分関数 $f(x)$ の原始関数が $F(x)$ ― $f(x)$ **積分変数** の不定積分が $F(x)$ ― であると，定積分は上記のように $F(b)-F(a)$ になる．従って定積分はその上端および下端の関数であって，積分変数の関数でなく，後述するように変数を置換しても形成する定積分の値には変わりはないので，

$$\int_a^b f(x)\,dx = \int_a^b f(t)\,dt$$

と積分変数を変えてもよい．この関係は後でもしばしば用いる．

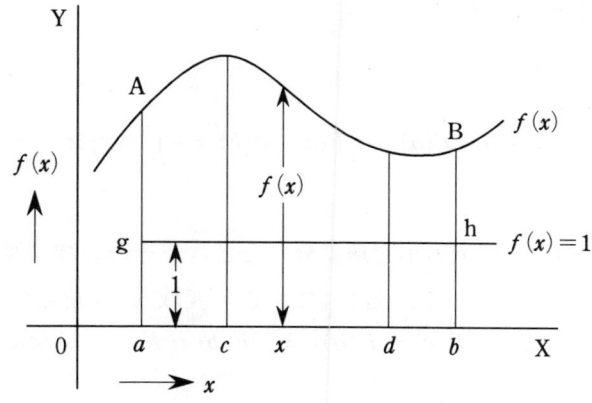

図 1·1 定積分の意義

また，上端と下端が等しいと

$$\int_a^a f(x)\,dx = \bigl[F(x)\bigr]_a^a = F(a) - F(a) = 0$$

となって定積分は 0 になる．これは図 1·1 からも明らかなように積分区間が 0 になるのだから面積も 0 になることをあらわしている．さらに

$$\int_a^b 1\,dx = \bigl[x\bigr]_a^b = b - a \qquad \int_a^b dx = b - a$$

になるが，これは図 1·1 で $f(x)=1$ のX軸との平行線がX軸との間に b から a の間で形成する面積 $aghb$ をあらわすのだから，当然 $\overline{ab} \times 1 = (b-a) \times 1 = b-a$ になる．

1 定積分の性質

次に定積分の主な性質について説明しよう．

(1) 被積分関数 $f(x)$ に定数 k がかかっている場合，これを外に出して定積分を求めてよい．すなわち

$$\int_a^b kf(x)dx = k\int_a^b f(x)dx = k\{F(b)-F(a)\} \tag{1・1}$$

これは図 1・1 から明らかなように，積分区間が同じで，$f(x)$ を k 倍して各区分ごとに面積を求めて総合するのも，$f(x)$ について求めて k 倍するのも同じ結果になり――$k \times$ 縦 $\times$ 横 $= k$(縦 $\times$ 横)――

$$\int_a^b kf(x)dx = [kF(x)]_a^b = kF(b)-kF(a) = k\{F(b)-F(a)\}$$

(2) 被積分関数の和(差)の定積分は，それぞれの定積分の和(差)に等しい．これはいくつの被積分関数についても同様であるが，二つの場合について示すと

$$\int_a^b \{f(x) \pm g(x)\}dx = \int_a^b f(x)dx \pm \int_a^b g(x)dx \tag{1・2}$$

これは関数の和(差)の不定積分からも明らかであるが，図 1・1 でさらに一つの関数 $g(x)$ を書き加えて考えると，変数の各値で $f(x) \pm g(x)$ として全面積を求めても，それぞれを全区間について求めて和(差)をとっても同じ――縦 $\times (f \pm g) \times$ 横 $=$ 縦 $\times f \times$ 横 $\pm g \times$ 縦 $\times$ 横――ことになるのは自ずから明らかである．

(3) 定積分の上端と下端をとりかえると，定積分の絶対値はそのままで符号のみが変わる．すなわち

$$\int_a^b f(x)dx = -\int_b^a f(x)dx \tag{1・3}$$

これを証明すると，

$$\int_a^b f(x)dx = F(b)-F(a) = -\{F(a)-F(b)\} = -\int_b^a f(x)dx$$

(4) 変域 $a \leq x \leq b$ を任意の小変域に分けたとき，その各域に対する積分の和は全域における積分に等しい．いま，図 1・1 で，この変域内で c をとると

$$F(b)-F(a) = \{F(c)-F(a)\} + \{F(b)-F(c)\} \text{ になるので}$$

$$\int_a^b f(x)dx = \int_a^c f(x)dx + \int_c^b f(x)dx \tag{1・4}$$

さらに，この変域内で c, d の 2 点をとると，同様にして

$$\int_a^b f(x)dx = \int_a^c f(x)dx + \int_c^d f(x)dx + \int_d^b f(x)dx$$

定積分の結合法則 というようになる．これは**定積分の結合法則**ともいわれ，定積分を積分区間の関数と考えたときの積分の加法性をあらわしている．これと (3) を考え合わせると

$$-\int_a^b f(x)dx = -\int_c^a f(x)dx + \int_c^b f(x)dx$$

というような関係も成り立つ．

1·1 定積分とは

(5) 変域 $a \leq x \leq b$ における x のすべての値に対して

$$\left.\begin{array}{l} f(x) > 0 \text{ であると } \int_a^b f(x)dx > 0 \\ f(x) < 0 \text{ であると } \int_a^b f(x)dx < 0 \end{array}\right\} \qquad (1\cdot5)$$

となる．これは積分の示す面積は $f(x) > 0$ なら正であり，$f(x) < 0$ なら負となることからも明らかである．

正規　また，$\int_a^b f(x)dx$ において $a \leq b$ であるとき，定積分の限界の順序は正規であるといい，このとき $f(x)$ が負にならない連続関数であると

$$\int_a^b f(x)dx \geq 0 \quad \text{になる．}$$

(6) 変域 $a \leq x \leq b$ におけるすべての x の値に対して連続である三つの関数 $g(x)$, $f(x)$, $\varphi(x)$ の間に

$$g(x) < f(x) < \varphi(x) \text{ の関係があると}$$

$$\int_a^b g(x)dx < \int_a^b f(x)dx < \int_a^b \varphi(x)dx \qquad (1\cdot6)$$

が成立する．これは

$$f(x) - g(x) > 0 \quad \therefore \int_a^b [f(x) - g(x)]dx > 0$$

$$\varphi(x) - f(x) > 0 \quad \therefore \int_a^b [\varphi(x) - f(x)]dx > 0$$

となるので

$$\int_a^b f(x)dx > \int_a^b g(x)dx, \quad \int_a^b \varphi(x)dx > \int_a^b f(x)dx$$

となって $(1\cdot6)$ 式の関係が成り立つ．

(7) 変域 $a \leq x \leq b$ において，$f(x) = g(x)\varphi(x)$ とし，この変域内のすべての x の値に対して $g(x) > 0$ とする．この $\varphi(x)$ の最大値を M，最小値を m とすると

$$m\int_a^b g(x)dx < \int_a^b g(x)\varphi(x)dx < M\int_a^b g(x)dx \qquad (1\cdot7)$$

となる．これは $M - \varphi(x) > 0$，$\varphi(x) - m > 0$ だから
$$\{M - \varphi(x)\}g(x) > 0, \quad \{\varphi(x) - m\}g(x) > 0$$
となり，この積分をとると上式が説明できる．なお，$g(x) < 0$ であると，上式の不等号は反対の向きとなる．

(8) 変域 $a \leq x \leq b$ での $f(x)$ の最大値を M，最小値を m とすると

$$m(b-a) < \int_a^b f(x)dx < M(b-a) \qquad (1\cdot8)$$

となる．これは，$M - f(x) > 0$，$f(x) - m > 0$ となるので

$$\int_a^b \{M - f(x)\}dx = \int_a^b M dx - \int_a^b f(x)dx = M(b-a) - \int_a^b f(x)dx > 0$$

$$\int_a^b \{f(x) - m\}dx = \int_a^b f(x)dx - \int_a^b m dx = \int_a^b f(x)dx - m(b-a) > 0$$

となって上式が成立する．

(9) 変域 $a \leq x \leq b$ におけるすべての x の値に対して $f(x)$ が連続であると，

$$\int_a^b f(x)dx = (b-a)f(\xi) \quad (a < \xi < b) \tag{1·9}$$

となる ξ は必ず存在する．従って次のような θ も存在する．

$$\int_a^b f(x)dx = (b-a)f\{a + \theta(b-a)\} \tag{1·10}$$

ただし，$0 < \theta < 1$

定積分の平均値の定理　これを**定積分の平均値の定理**といい $f(\xi)$ を $x = a$ より $x = b$ までの $f(x)$ の平均値という．すなわち，図 1·2 において，区間 $[a, b]$ 間を n 等分し 1 区間の長さを Δx とし，その各区間内にそれぞれ任意の 1 点を選んで，これを $x_1, x_2 \cdots x_n$ とすると，$n \to \infty$ としたときの各区間の面積 $f(x)\Delta x$ の和が全区間の定積分に相当するので

$$\begin{aligned}\int_a^b f(x)dx &= \lim_{n \to \infty}\{f(x_1)\Delta x + f(x_2)\Delta x + \cdots + f(x_n)\Delta x\} \\ &= (b-a)\lim_{n \to \infty}\frac{f(x_1)\Delta x + f(x_2)\Delta x + \cdots + f(x_n)\Delta x}{(b-a)} \\ &= (b-a)\lim_{n \to \infty}\frac{f(x_1)\Delta x + f(x_2)\Delta x + \cdots + f(x_n)\Delta x}{n\Delta x} \\ &= (b-a)\lim_{n \to \infty}\frac{f(x_1) + f(x_2) + \cdots + f(x_n)}{n} = (b-a)f(\xi)\end{aligned}$$

$$\therefore \quad f(\xi) = \frac{1}{b-a}\int_a^b f(x)dx$$

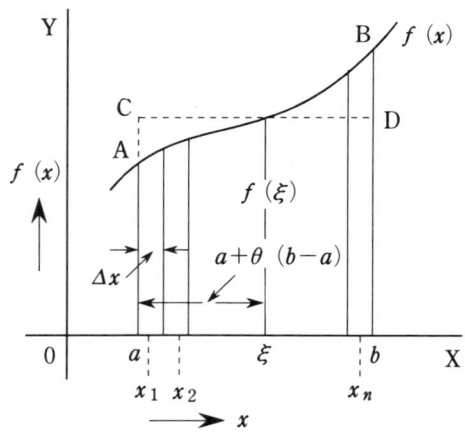

図 1·2　定積分での平均値の定理

関数値の平均値　となり，$f(\xi)$ はこの区間の関数値の平均値であって，図 1·2 についてみると定積分の値 $a\mathrm{AB}ba$ の面積と等しくなるような矩形面積 $a\mathrm{CD}ba$ を作ると，その高さが $f(\xi)$ に相当し，定積分の値は，積分区間の長さ $(b-a)$ と，積分変数のある中間値 ξ に対する被積分関数の値 $f(\xi)$ との積に等しくなる．

1・1 定積分とは

(10) 積分区域 $[0, a]$ 内で積分変数を x とする定積分は，積分変数を $a-x$ とする定積分に等しい．すなわち，

$$\int_0^a f(x)dx = \int_0^a f(a-x)dx \tag{1・11}$$

これを証明するのに，$x = a - u$ とおき，この両辺を x について微分すると $dx = -du$ になり，$x = 0$ としたとき $u = a$，$x = a$ としたとき $u = 0$ となるので

$$\int_0^a f(x)dx = \int_{u=a}^{u=0} f(a-u)(-du) = \int_0^a f(a-u)du = \int_0^a f(a-x)dx$$

となる．これは既述したように定積分は上端，下端の関数となり積分変数に関係しないので最後のところで u を x におきかえた．

例えば，$\int_0^{\frac{\pi}{2}} f(\sin x)dx = \int_0^{\frac{\pi}{2}} f\left\{\sin\left(\frac{\pi}{2} - x\right)\right\}dx = \int_0^{\frac{\pi}{2}} f(\cos x)dx$

(11) 変域を $[a, -a]$ にとったとき次式が成立する

$$\int_{-a}^a f(x)dx = \int_0^a \{f(-x) + f(x)\}dx \tag{1・12}$$

これを証明すると，

$$\int_{-a}^a f(x)dx = \int_{-a}^0 f(x)dx + \int_0^a f(x)dx$$

$$\therefore \quad F(a) - F(-a) = F(0) - F(-a) + F(a) - F(0)$$

この右辺の第1項で $x = 0 - u$ とおくと $dx = -du$ となり，$x = 0$ で $u = 0$，$x = -a$ で $u = a$ となるので

$$\int_{-a}^0 f(x)dx = \int_a^0 f(0-u)(-du) = -\int_a^0 f(0-u)du$$

$$= \int_0^a f(-u)du = \int_0^a f(-x)dx$$

となるので (1・12) 式が成立する．この定理によると

偶関数	$f(x)$ が偶関数であると $f(x) = f(-x)$	$\int_{-a}^a f(x)dx = 2\int_0^a f(x)dx$
奇関数	$f(x)$ が奇関数であると $f(-x) = -f(x)$	$\int_{-a}^a f(x)dx = 0$

ということになる．

(12) 変域 $[a, 0]$ を $[a/2, 0]$ にとると次式が成立する．

$$\int_0^a f(x)dx = \int_0^{\frac{a}{2}} \{f(x) + f(a-x)\}dx \tag{1・13}$$

これを証明すると，

$$\int_0^a f(x)dx = \int_0^{\frac{a}{2}} f(x)dx + \int_{\frac{a}{2}}^a f(x)dx$$

となるが，この右辺の第2項の積分で，$x = a - u$ とおくと $dx = -du$ であり，$x = \frac{a}{2}$ のとき $u = \frac{a}{2}$ となり，$x = a$ のとき $u = 0$ となるので

1 定積分の性質

$$\int_{\frac{a}{2}}^{a} f(x)dx = \int_{\frac{a}{2}}^{0} f(a-u)(-du) = \int_{0}^{\frac{a}{2}} f(a-x)dx$$

となって $(1\cdot13)$ 式が成立する.

$\int_{0}^{\pi} f(\sin x)dx$ 　　例えば　　$\int_{0}^{\pi} f(\sin x)dx = \int_{0}^{\frac{\pi}{2}}[f(\sin x)+f\{\sin(\pi-x)\}]dx = 2\int_{0}^{\frac{\pi}{2}} f(\sin x)dx$

となるように，この関係を用いると

$$f(a-x) = f(x) \text{ であると } \int_{0}^{a} f(x)dx = 2\int_{0}^{\frac{a}{2}} f(x)dx$$

$$f(a-x) = -f(x) \text{ であると } \int_{0}^{a} f(x)dx = 0$$

となることが明らかである.

(13) 任意の整数 n に対し，a を定数として $f(x) = f(x+na)$ が成立するとき，m を任意の正の整数とすると，

$\int_{0}^{ma} f(x)dx$

$$\int_{0}^{ma} f(x)dx = m\int_{0}^{a} f(x)dx \qquad (1\cdot14)$$

が成立する．これは変域 $[ma, 0]$ を m 等分すると，各区間の長さは a であって，その境界点はそれぞれ

$$a, \ 2a, \ 3a, \ \cdots\cdots ka, \ (k+1)a, \ \cdots\cdots (m-1)a$$

となり，この各区間の積分の和が全区間の積分になるので，

$$\int_{0}^{ma} f(x)dx = \int_{0}^{a} f(x)dx + \cdots\cdots + \int_{ka}^{(k+1)a} f(x)dx + \cdots\cdots + \int_{(m-1)a}^{ma} f(x)dx$$

この右辺の ka と $(k+1)a$ を両端とする積分で，$x = u+ka$ とおくと，$dx = du$ となり，$x = ka$ のとき $u = 0$，$x = (k+1)a$ のとき $u = a$，また，仮定によって任意の整数 k に対して $f(u+ka) = f(u)$ が成立するので

$$\int_{ka}^{(k+1)a} f(x)dx = \int_{0}^{a} f(u+ka)du = \int_{0}^{a} f(u)du = \int_{0}^{a} f(x)dx$$

この k に $0, 1, 2\cdots\cdots m$ の値を与えると，$(1\cdot14)$ 式が成立する.

$\int_{0}^{2m\pi} f(\sin x)dx$ 　　例えば $\sin x = \sin(x+n\cdot2\pi)$，だから　　$\int_{0}^{2m\pi} f(\sin x)dx = m\int_{0}^{2\pi} f(\sin x)dx$

(14) 上述してきた定積分の性質では積分の限界を定数と考えてきたが，ここでは積分の限界を変数とした場合について考えてみよう．$f(x)$ を区間 $[a, b]$ で定義された連続関数とすると，

　　定積分 　　$\int_{a}^{x} f(x)dx \quad (a \leq x \leq b)$

は変数 x の関数と考えることができる．このとき，この定積分を微分したものは被積分関数 $f(x)$ に等しくなる．すなわち，

$$\frac{d}{dx}\int_{a}^{x} f(x)dx = f(x) \qquad (1\cdot15)$$

実はこのことについては前にも言及したが，ここでもう一度とりあげて別の観点から説明しよう.

1・1 定積分とは

さて，図1・3において，積分変数の値がaからxに至るまでの定積分

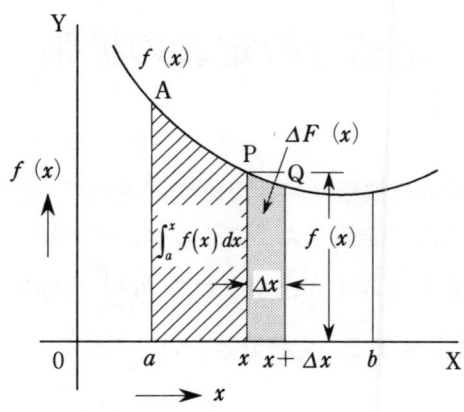

図1・3 定積分の微分は被積分関数になる

$$F(x) = \int_a^x f(x)dx$$

は$f(x)$の曲線がX軸との間に形成する斜線を入れた面積$a\,\mathrm{AP}\,x$に相当する．このxがΔxだけ増加したときの面積の増加は網点を入れた面積$x\,\mathrm{PQ}\,(x+\Delta x)$に相当し，これを$\Delta F(x)$とすると，この面積は底が$\Delta x$で高さが$f(x)$の面積に近似し，

$$\Delta F(x) \fallingdotseq \Delta x f(x) \text{ となり}, \quad \frac{\Delta F(x)}{\Delta x} \fallingdotseq f(x)$$

になるが，$\Delta x \to 0$とすると，これは全く相等しくなり

$$f(x) = \lim_{\Delta x \to 0} \frac{\Delta F(x)}{\Delta x} = \frac{d}{dx}F(x) = \frac{d}{dx}\int_a^x f(x)dx$$

となって（1・15）式が成り立つ．あるいはまた，

$$F(x) = \int_0^x f(x)dx \text{ とすると}, \quad F(x+\Delta x) = \int_a^{x+\Delta x} f(x)dx$$

となるので，両者の差をとると

$$F(x+\Delta x) - F(x) = \int_a^{x+\Delta x} f(x)dx - \int_a^x f(x)dx$$
$$= \int_x^a f(x)dx + \int_a^{x+\Delta x} f(x)dx = \int_x^{x+\Delta x} f(x)dx$$

これに(9)で説明した定積分における平均値の定理を用いると

$$F(x+\Delta x) - F(x) = \Delta x f(x+\theta \Delta x), \quad (0<\theta<1)$$

$$\lim_{\Delta x \to 0} \frac{F(x+\Delta x) - F(x)}{\Delta x} = \lim_{\Delta x \to 0} f(x+\theta \Delta x)$$

$\dfrac{d}{dx}F(x)$
$$\therefore \quad \frac{d}{dx}F(x) = \frac{d}{dx}\int_a^x f(x)dx = f(x)$$

というように証明できる．

1·2　定積分の定義の拡張

$\displaystyle\lim_{b\to\infty}\int_a^b f(x)dx$

　いままでに述べてきた定積分は被積分関数$f(x)$が限界内で連続であり，限界の下端，上端a, bは有限なものとして定義した．ここでは，その積分の定義をその限界が有限でない場合にまで拡張してみよう．すなわち $\displaystyle\lim_{b\to\infty}\int_a^b f(x)dx$ が有限確定するとき，この極限値を$f(x)$のaより∞までの定積分といい，これを

$$\lim_{b\to\infty}\int_a^b f(x)dx = \int_a^\infty f(x)dx \tag{1·16}$$

と記する．同様に

$\displaystyle\lim_{b\to\infty}\int_a^b f(x)dx$

$\displaystyle\lim_{a\to\infty}\int_a^b f(x)dx$

$$\lim_{b\to-\infty}\int_a^b f(x)dx = \int_a^{-\infty}f(x)dx \qquad \lim_{a\to\infty}\int_a^b f(x)dx = \int_\infty^b f(x)dx$$

$$\lim_{a\to-\infty}\int_a^b f(x)dx = \int_{-\infty}^b f(x)dx \qquad \lim_{\substack{b\to\infty\\a\to-\infty}}\int_a^b f(x)dx = \int_{-\infty}^\infty f(x)dx$$

というように記する．

　例えば

$\displaystyle\int_1^\infty \frac{1}{x^2}dx$

$$\int_1^\infty \frac{1}{x^2}dx = \lim_{b\to\infty}\int_1^b \frac{1}{x^2}dx = \lim_{b\to\infty}\left[-\frac{1}{x}\right]_1^b$$
$$= \lim_{b\to\infty}\left[-\frac{1}{b}+1\right] = 1$$

ところが，$b\to\pm\infty$または$a\to\pm\infty$に対する定積分の極限値が有限確定でないと，定積分は無意味になる．

　例えば

$$\int_{-\infty}^\infty \cos x dx = \lim_{\substack{b\to\infty\\a\to-\infty}}\int_a^b \cos x dx = \lim_{\substack{b\to\infty\\a\to-\infty}}(\sin b - \sin a)$$

では有限確定した値にならないので，この定積分は無意味になる．

特異積分
第1種特異積分
第2種特異積分

　　注：被積分関数$f(x)$が限界内で連続であり，限界a, bが有限なものが一般の定積分であるが，$f(x)$が不連続であったり限界が有限でないものも定積分の中に入れて**広義積分**とも**特異積分**(Improper integral)ともいう．ここでは$f(x)$の連続でないものを**第1種特異積分**，限界a, bの有限でないものを**第2種特異積分**と一応の区別をしておこう．上述したのは第2種の特異積分で定積分として取り扱われる場合であったが，次に第1種の特異積分の取り扱いについて考えてみよう．

　さて，$f(x)$が変域$a<x\leq b$におけるすべてのxの値に対して連続であるが，$x=a$のときだけ$f(a)=\infty$になるものとすると，$\varepsilon>0$として次のように定積分を定義する．

$$\int_a^b f(x)dx = \lim_{\varepsilon\to 0}\int_{a+\varepsilon}^b f(x)dx \tag{1·17}$$

同様に，$f(x)$が$x=b$であるとき$f(b)=\infty$であると，定積分を次のように定義する．

$$\int_a^b f(x)dx = \lim_{\varepsilon \to 0}\int_a^{b-\varepsilon} f(x)dx \qquad (1\cdot 18)$$

このいずれの場合でも，その極限値は有限確定でなければならない．
例えば

$\int_0^a \dfrac{1}{\sqrt{a^2-x^2}}dx$

$$\int_0^a \frac{1}{\sqrt{a^2-x^2}}dx = \lim_{\varepsilon \to 0}\int_0^{a-\varepsilon}\frac{1}{\sqrt{a^2-x^2}}dx = \lim_{\varepsilon \to 0}\left[\sin^{-1}\frac{x}{a}\right]_0^{a-\varepsilon}$$

$$= \lim_{\varepsilon \to 0}\sin^{-1}\left(1-\frac{\varepsilon}{a}\right) = \sin^{-1}1 = \frac{\pi}{2}$$

または

$\int_0^1 \dfrac{1}{\sqrt{x}}dx$

$$\int_0^1 \frac{1}{\sqrt{x}}dx = \lim_{\varepsilon \to 0}\int_\varepsilon^1 \frac{1}{\sqrt{x}}dx = \lim_{\varepsilon \to 0}\left[2\sqrt{x}\right]_\varepsilon^1 = \lim_{\varepsilon \to 0}(2-2\sqrt{\varepsilon}) = 2$$

となって極限値を有するが，例えば次のような場合は

$\int_0^1 \dfrac{1}{x^2}dx$

$$\int_0^1 \frac{1}{x^2}dx = \lim_{\varepsilon \to 0}\int_\varepsilon^1 \frac{1}{x^2}dx = \lim_{\varepsilon \to 0}\left[-\frac{1}{x}\right]_\varepsilon^1 = \lim_{\varepsilon \to 0}\left(\frac{1}{\varepsilon}-1\right)$$

となって有限確定した極限値を有さないので積分値は求められない．

次に，被積分関数が両限界 a，b の間のある値 c で $f(x)=\infty$ であると，定積分を次のように定義する．

$$\int_a^b f(x)dx = \lim_{\varepsilon \to 0}\int_a^{c-\varepsilon} f(x)dx + \lim_{\varepsilon' \to 0}\int_{c+\varepsilon'}^b f(x)dx \qquad (1\cdot 19)$$

ただし，この ε と ε' は互いに無関係な正数である．

$\int_0^3 \dfrac{1}{(x-1)^{\frac{2}{3}}}dx$

例えば $\int_0^3 \dfrac{1}{(x-1)^{\frac{2}{3}}}dx$ を求めるのに，この被積分関数は $x=1$ で $f(1)=\infty$ になるので，上式を用いると

$$\int_0^3 \frac{1}{(x-1)^{\frac{2}{3}}}dx = \lim_{\varepsilon \to 0}\int_0^{1-\varepsilon}\frac{1}{(x-1)^{\frac{2}{3}}}dx + \lim_{\varepsilon' \to 0}\int_{1+\varepsilon'}^3 \frac{1}{(x-1)^{\frac{2}{3}}}dx$$

$$= \lim_{\varepsilon \to 0}\left[3(x-1)^{\frac{1}{3}}\right]_0^{1-\varepsilon} + \lim_{\varepsilon' \to 0}\left[3(x-1)^{\frac{1}{3}}\right]_{1+\varepsilon'}^3 = 3(1+\sqrt[3]{2})$$

というように求められる．

1・3　定積分の計算法

(1) 不定積分の結果を用いる定積分の計算

一般の定積分において被積分関数 $f(x)$ の不定積分 $F(x)$ が求められるなら，既述したように

$$\int_a^b f(x)dx = \left[F(x)\right]_a^b = F(b)-F(a)$$

1 定積分の性質

によって定積分の値が算定される．例えば

$\int_0^1 \dfrac{x^2}{\sqrt{2-x^2}}dx$

$$\int_0^1 \frac{x^2}{\sqrt{2-x^2}}dx = \int_0^1 \frac{x^2-2+2}{\sqrt{2-x^2}}dx = -\int_0^1 \sqrt{2-x^2}\,dx + 2\int_0^1 \frac{1}{\sqrt{2-x^2}}dx$$

$$= \left[-\frac{1}{2}\left(x\sqrt{2-x^2}+2\sin^{-1}\frac{x}{\sqrt{2}}\right)+2\sin^{-1}\frac{x}{\sqrt{2}}\right]_0^1$$

$$= \left[\frac{1}{2}\left(2\sin^{-1}\frac{x}{\sqrt{2}}-x\sqrt{2-x^2}\right)\right]_0^1 = \frac{1}{2}\left(2\sin^{-1}\frac{1}{\sqrt{2}}-1\right) = \frac{\pi}{4}-\frac{1}{2}$$

というように算定できる．

特異積分 しかし，これが**特異積分**になるときは1・2で説明したような取り扱いをせねばならない．重ねて，この場合の実例をあげて注意をうながしておこう．

例えば $\int_0^\pi \dfrac{1}{\sin^2\theta - 2\sin\theta\cos\theta + 2\cos^2\theta}d\theta$ を求めるのに，この被積分関数の分母子を $\cos^2\theta$ で除すと

$$\int_0^\pi \frac{\sec^2\theta}{\tan^2\theta - 2\tan\theta + 2}d\theta = \int_0^\pi \frac{\sec^2\theta}{(\tan\theta-1)^2+1}d\theta$$

となるので，ここで $\tan\theta - 1 = z$ とおき，この両辺を θ について微分すると

$$\sec^2\theta = \frac{dz}{d\theta},\quad d\theta = \frac{dz}{\sec^2\theta}\quad となり$$

$$\int_0^\pi \frac{\sec^2\theta}{z^2+1}\cdot\left(\frac{1}{\sec^2\theta}\right)dz = \int_0^\pi \frac{1}{1+z^2}dz = \left[\tan^{-1}z\right]_0^\pi$$

$$= \left[\tan^{-1}(\tan\theta-1)\right]_0^\pi = \tan^{-1}(-1) - \tan^{-1}(-1) = 0$$

と求めたとすれば，これは誤りである．なぜなら被積分関数の分母は $(\sin\theta-\cos\theta)^2 + \cos^2\theta$ となり，変域 $[0,\pi]$ では常に正であるから $(1\cdot 5)$ 式の上式によって，この定積分の値は0より大きくならねばならない．どこにその誤りがあるかというと，$\tan^{-1}(\tan\theta-1)$ の連続性を吟味しなかったところにある．いうまでもなく $\tan\theta$ は $\theta = \pi/2$ で不連続であって，

$$\theta \to \frac{\pi}{2}-0 \quad のとき,\ \tan\theta \to +\infty\ となり$$

$$\theta \to \frac{\pi}{2}+0 \quad のとき,\ \tan\theta \to -\infty\ となる$$

ので，1・2で説明したようにC点を $\dfrac{\pi}{2}$ の点にとり，変域を $\left[0,\ \dfrac{\pi}{2}-\varepsilon\right]$ と $\left[\dfrac{\pi}{2}+\varepsilon,\ \pi\right]$ とに分けて積分値をとる．すなわち，

$$\int_0^\pi f(\theta)d\theta = \lim_{\varepsilon\to 0}\int_0^{\frac{\pi}{2}-\varepsilon} f(\theta)d\theta + \lim_{\varepsilon\to 0}\int_{\frac{\pi}{2}+\varepsilon}^\pi f(\theta)d\theta$$

$$= \lim_{\varepsilon\to 0}\left[\tan^{-1}(\tan\theta-1)\right]_0^{\frac{\pi}{2}-\varepsilon} + \lim_{\varepsilon\to 0}\left[\tan^{-1}(\tan\theta-1)\right]_{\frac{\pi}{2}+\varepsilon}^\pi = \pi$$

というようにして求めることができる．

多価関数 また，不定積分値が多価関数で与えられるときは，連続する同一分枝の値をもっ

1・3 定積分の計算法

て，限界の値 a, b とせねば誤った結果をうることになる．

$\int_0^1 \frac{1}{1+x^2}dx$　　例えば $\int_0^1 \frac{1}{1+x^2}dx = \left[\tan^{-1}x\right]_0^1$

となるが，$\tan^{-1}1$, $\tan^{-1}0$ としては同一分枝である $\frac{\pi}{4}$, 0 かまたは $\frac{5\pi}{4}$, π を組み合わせて

$$\frac{\pi}{4} - 0 = \frac{\pi}{4} \text{ とするか，または } \frac{5\pi}{4} - \pi = \frac{\pi}{4}$$

とせねばならない．これを $\frac{\pi}{4} \sim \pi$ というように組み合わすことはできない．

さらに，不定積分は求められないが定積分なら求められる場合もある．

$\int_0^\pi \frac{x\sin x}{1+\cos^2 x}dx$　　例えば　$I = \int_0^\pi \frac{x\sin x}{1+\cos^2 x}dx$

の不定積分は求められないが，この定積分は求められる．

ここで $x = \pi - z$ とおくと $dx = -dz$ となり，$\sin x = \sin(\pi - z) = \sin z$ に，$\cos x = \cos(\pi - z) = -\cos z$ となり，後者の $\cos$ の項で $x = \pi$ とした $\cos\pi = -\cos 0$ に $x = 0$ とした $\cos 0 = -\cos\pi$ になって，限界が上下入れかわるので

$$I = \int_\pi^0 \frac{(\pi - z)\sin z}{1+\cos^2 z}(-dz) = \pi\int_0^\pi \frac{\sin z}{1+\cos^2 z}dz - \int_0^\pi \frac{z\sin z}{1+\cos^2 z}dz$$

ただし，(1・3) 式のように上端と下端が入れかわると符号がかわる．

この右辺の第2項の z を x と書きかえると I そのものになるので——再々述べたように定積分は限界の関数であって積分変数の関数でないからこれを任意に書きかえてよい．本例では限界は 0, π で z と無関係な定数だから，z を x に書きあらためても，この定積分の値には変わりがない——これを左辺に移すと

$$2I = \pi\int_0^\pi \frac{\sin z}{1+\cos^2 z}dz = \pi\left[-\tan^{-1}(\cos z)\right]_0^\pi$$
$$= \pi\left(\frac{-3\pi}{4} + \frac{\pi}{4}\right) = \frac{-2\pi^2}{4}$$

$$\therefore\ I = \frac{-\pi^2}{4}$$

ただし，原式で $\cos z = u$ とおき，この両辺を z について微分すると $-\sin z = \frac{du}{dz}$, $dz = -\frac{du}{\sin z}$ となるので

$$\int \frac{\sin z}{1+\cos^2 z}dz = \int \frac{\sin z}{1+u^2}\left(-\frac{1}{\sin z}\right)du = -\int \frac{1}{1+u^2}du$$
$$= -\tan^{-1}u = -\tan^{-1}(\cos z)$$

というように，この場合の定積分が算定できる．

次に定積分に置換積分法や部分積分法を用いる場合の心得について述べることにしよう．

1 定積分の性質

置換積分法

(2) 定積分における置換積分法

不定積分での置換積分法では，途中で積分変数を x から z に変更し，z について積分するが，最後のところで変数を z から x にもどして答は x の関数として出した．ところが定積分の場合は，既に上例でも扱ったように，この新しい変数を旧変数にもどす必要がない．例えば，$f(x)$ が変域 $[a, b]$ で連続とし，かつ $x = \varphi(z)$ も同変域内で連続で導関数を有するものとし，$z = p$ のとき $x = \varphi(p) = a$，$z = q$ のとき $x = \varphi(q) = b$ であるとすると

$$\int_a^b f(x)dx = \int_p^q f\{\varphi(z)\}\varphi'(z)dz \tag{1・20}$$

とおくことができる．これを証明すると区間 $[a, b]$ 間の任意の x の値に対して $\int_a^x f(x)dx$ は上端 x の関数であり，x はまた $x = \varphi(z)$ によって z の関数になるので

$\dfrac{d}{dz}\left\{\int_a^x f(x)dx\right\}$

$$\frac{d}{dz}\left\{\int_a^x f(x)dx\right\} = \frac{d}{dx}\left\{\int_a^x f(x)dx\right\}\frac{dx}{dz} = f(x)\frac{dx}{dz}$$

$$= f(x)\varphi'(z) = f\{\varphi(z)\}\varphi'(z) \tag{1}$$

この $[a, b]$ 間での変数 x に対して，変数 z は $[p, q]$ 間での値をとるので，これらの z に対する $\int_p^z f\{\varphi(z)\}\varphi'(z)dz$ は明らかに z の関数であって

$$\frac{d}{dz}\int_p^z f\{\varphi(z)\}\varphi'(z)dz = f\{\varphi(z)\}\varphi'(z) \tag{2}$$

以上の(1)，(2)式から明らかなように

$$\frac{d}{dz}\left\{\int_a^x f(x)dx - \int_p^z f\{\varphi(z)\}\varphi'(z)dz\right\} = 0$$

$$\therefore \int_a^x f(x)dx = \int_p^z f\{\varphi(x)\}\varphi'(z)dz + c$$

ただし，c はこの場合の積分定数である．

上式で，$z = p$ のとき $x = a$ となるので $c = 0$ となり，$x = b$ に対応する $z = q$ とおくと，

$$\int_a^b f(x)dx = \int_p^q f\{\varphi(z)\}\varphi'(z)dz$$

このように，置換積分法によって定積分を計算する場合には，積分変数をおきかえると共に定積分の上端および下端をそれに対応するように書きあらためねばならない．さらに，このことを観点を変えて証明してみよう．

いま，$\int f(x)dx = F(x)$ とし $x = \varphi(z)$ とおくと

$$\int f\{\varphi(z)\}\varphi'(z)dz = \int f\{\varphi(z)\}\frac{dx}{dz}dz = F\{\varphi(z)\}$$

となり，$a = \varphi(p)$，$b = \varphi(q)$ とおくと

$$\int_p^q f\{\varphi(z)\}\varphi'(z)dz = \Big[F\{\varphi(z)\}\Big]_p^q$$

$$= F\{\varphi(q)\} - F\{\varphi(p)\} = F(b) - F(a) = \int_a^b f(x)dx$$

1・3 定積分の計算法

ということになる．

例えば $\int_0^{1/\sqrt{2}} \dfrac{1}{\sqrt{1-x^2}} dx$ を求めるのに，公式を用いると

$$\int_0^{1/\sqrt{2}} \dfrac{1}{\sqrt{1-x^2}} dx = \left[\sin^{-1} x\right]_0^{1/\sqrt{2}} = \dfrac{\pi}{4}$$

と求められるが，ここで $x = \sin\theta$ と置換すると，この両辺を x について微分して $dx = \cos\theta d\theta$ がえられ，$x=0$ に $\theta=0$ が，$x=1/\sqrt{2}$ に $\theta=\pi/4$ または $3\pi/4$ が対応するので，$[0, \pi/4]$ をとると

$$\int_0^{1/\sqrt{2}} \dfrac{1}{\sqrt{1-x^2}} dx = \int_0^{\pi/4} \dfrac{\cos\theta}{\cos\theta} d\theta = \left[\theta\right]_0^{\pi/4} = \dfrac{\pi}{4} \tag{1}$$

となって正しい結果がえられるが，$[0, 3\pi/4]$ をとると

$$\int_0^{1/\sqrt{2}} \dfrac{1}{\sqrt{1-x^2}} dx = \int_0^{3\pi/4} d\theta = \left[\theta\right]_0^{3\pi/4} = \dfrac{3\pi}{4} \tag{2}$$

となって誤った結果をうる．これは $f\{\varphi(\theta)\} = 1/\cos\theta$ の θ が 0 から $3\pi/4$ に至る途中の $\theta=\pi/2$ で ∞ となって不連続になるためで，前述したように**第1種特異積分**として取り扱わねばならなくなる．また，

$$\int_0^{1/\sqrt{2}} x(1-x^2) dx$$

を求めるのに，$x=\sin\theta$ とおくと，前例と同様に $dx=\cos\theta d\theta$ となり，$x=0$ に $\theta=0$ が，$x=1/\sqrt{2}$ に $\theta=\pi/4$ または $3\pi/4$ が対応するので

$$\int_0^{1/\sqrt{2}} x(1-x^2) dx = \int_0^{\pi/4} \sin\theta \cos^3\theta d\theta = \left[-\dfrac{\cos^4\theta}{4}\right]_0^{\pi/4} = \dfrac{3}{16} \tag{3}$$

または

$$\int_0^{1/\sqrt{2}} x(1-x^2) dx = \left[-\dfrac{\cos^4\theta}{4}\right]_0^{3\pi/4} = \dfrac{3}{16} \tag{4}$$

となっていずれも正しいが，(3)式では θ が 0 から $\pi/4$ に至る間に x は単調に増加して 0 から $1/\sqrt{2}$ になるのに対し，後者では θ が 0 から $3\pi/4$ に至る間に x は $\theta=\pi/2$ で $1/\sqrt{2}$ の限界を越えて 1 になり $3\pi/4$ で $1/\sqrt{2}$ にもどってくる．

置換積分法　　このようなわけで，定積分に置換積分法をほどこしてすんなりと結果がえられるためには，被積分関数が変域内 $a \leq x \leq b$ で連続な x の関数であり，$x=\varphi(z)$ とおいたとき，$a=\varphi(p), b=\varphi(q)$ の z が p から q に至る間，x は a から b に変わり——もっとも前例(4)のように途中で $[a, b]$ から出てもよい——，$p \leq z \leq q$ の間で $\varphi(z)$ は z について連続な導関数 $\varphi'(z)$ をもち，かつ $p \leq z \leq q$ で $f\{\varphi(z)\}$ は z の連続関数にならねばならない．(3)式ではそうはならなかったので誤った結果をえた．

例えば $\int_0^1 x\sqrt{x^2+1} dx$ を求めるのに，被積分関数 $f(x)=x\sqrt{x^2+1}$ は変域 $0 \leq x \leq 1$ で連続な x の関数で 0 から $\sqrt{2}$ まで連続的に変化する．ここで $z=\sqrt{x^2+1}$ とおくと，

― 13 ―

$z^2 = x^2 + 1$ になり，両辺を x について微分すると $xdx = zdz$ となり，$x = 0$ のとき $z = 1$，$x = 1$ のとき z に $\sqrt{2}$ となって，z が 1 から $\sqrt{2}$ に変化するとき，x は 0 から 1 まで連続的に変化し，$1 \leq z \leq \sqrt{2}$ の間で $\varphi(z) = z = \sqrt{x^2 + 1}$ は連続な導関数 $\varphi'(z) = dx/dz = z/\sqrt{z^2 - 1} \left(= \sqrt{x^2 + 1}/x \right)$ をもち，かつ $1 \leq z \leq \sqrt{2}$ の間で $f\{\varphi(z)\} = z\sqrt{z^2 - 1} \left(= x\sqrt{x^2 + 1} \right)$ は z の連続関数になるので，上記の定積分は前述した条件の三つを満たすので定積分値が次のように求められる．

$$\int_0^1 x\sqrt{x^2 + 1}\, dx = \int_1^{\sqrt{2}} z^2 dz = \left[\frac{z^3}{3} \right]_1^{\sqrt{2}} = \frac{2\sqrt{2} - 1}{3} = 0.609$$

注：(1·20) 式のような式は真義を誤りやすいので，上述した説明と対照してみられたい．なお，実際の計算では今までに述べたように，$f(x)$ を z に dx を dz におきかえて計算をする．

部分積分法

(3) 定積分における部分積分法

定積分に部分積分法を用いるには，定積分に順次に部分積分法を適用していけばよい．すなわち，関数の積の微分は

$$\frac{d}{dx}\{f(x)g(x)\} = f'(x)g(x) + f(x)g'(x)$$

となるので，これらの関数が変域 $[a, b]$ で連続であり，連続な導関数をもつと，この両辺を a から b まで積分して

$$\int_a^b f(x)g'(x)dx = \left[f(x)g(x) \right]_a^b - \int_a^b f'(x)g(x)dx \tag{1·21}$$

とすればよく，定積分で部分積分を用いて変形した場合には，積分記号を有さない項にも積分の上端および下端を入れて差を作る計算を行う．

上式で $g'(x) = \varphi(x)$ とおくと $g(x) = \int \varphi(x)dx$ になり

$\int_a^b f(x)\varphi(x)dx$

$$\int_a^b f(x)\varphi(x)dx = \left[f(x)\int \varphi(x)dx \right]_a^b - \int_a^b \left\{ f'(x)\int \varphi(x)dx \right\}dx \tag{1·22}$$

また，$g(x) = x$ のときは (1·21) 式は次式のようになる

$$\int_a^b f(x)dx = \left[xf(x) \right]_a^b - \int_a^b xf'(x)dx \tag{1·23}$$

$\int_0^\pi x\cos x\, dx$

例えば $\int_0^\pi x\cos x\, dx$ を求めるのに，(1·21) 式で $f(x) = x$ とおき，$f'(x) = 1$，$g'(x) = \cos x$ とすると $g(x) = \sin x$ となるので，

$$\int_0^\pi x\cos x\, dx = \left[x\sin x \right]_0^\pi - \int_0^\pi \sin x\, dx = 0 + \left[\cos x \right]_0^\pi = -2$$

というように求められる．

なお，$g(x)$ が変域 $a \leq x \leq b$ で連続関数であり，$f(x)$ は同じ変域で連続な単調関数だと，

1・3 定積分の計算法

$$\int_a^b f(x)g'(x)dx = f(a)\int_a^\xi g'(x)dx + f(b)\int_\xi^b g'(x)dx \qquad (1\cdot 24)$$

が成立するような ξ の値が必ず a と b の間に存在する．

第2平均値の定理　これを定積分における**第2平均値の定理**という．これを証明するのに，$g(x) = \int_a^x g'(x)dx$ となり $g(a) = 0$ になる．

従って，上記の部分積分法によって

$$\int_a^b f(x)g'(x)dx = [f(x)g(x)]_a^b - \int_a^b f'(x)g(x)dx$$
$$= f(b)g(b) - \int_a^b f'(x)g(x)dx$$

ただし，上記のように $g(a) = 0$ であることに注意する．

この変域における $f(x)$ の単調性から同じ変域では，$f'(x) \geq 0$ であるか $f'(x) \leq 0$ になり，1・1 の (9) の平均値の定理によって

$$\int_a^b f'(x)g(x)dx = g(\xi)\int_a^b f'(x)dx = g(\xi)\{f(b)-f(a)\}$$

が成り立つような ξ が a と b の間に存在する．これを用いると，

$$\int_a^b f(x)g'(x)dx = f(b)g(b) - g(\xi)\{f(b)-f(a)\}$$
$$= f(a)g(\xi) + f(b)\{g(b)-g(\xi)\}$$
$$= f(a)\int_a^\xi g'(x)dx + f(b)\int_\xi^b g'(x)dx$$

となって，(1・24) 式がえられる．

次に，例題をあげて補足しておこう．

$\displaystyle\int_0^2 \frac{1}{(x-1)^2}dx$ 　〔例 1〕　$\displaystyle\int_0^2 \frac{1}{(x-1)^2}dx$ を求める．

この被積分関数は x が 0 から 2 に変化するとき，$x=1$ で ∞ となり不連続になるので

$$\int_0^2 \frac{1}{(x-1)^2}dx = \lim_{\varepsilon \to 0}\int_0^{1-\varepsilon} \frac{1}{(x-1)^2}dx + \lim_{\varepsilon' \to 0}\int_{1+\varepsilon'}^2 \frac{1}{(x-1)^2}dx$$
$$= \lim_{\varepsilon \to 0}\left[-\frac{1}{x-1}\right]_0^{1-\varepsilon} + \lim_{\varepsilon' \to 0}\left[-\frac{1}{x-1}\right]_{1+\varepsilon'}^2$$
$$= \lim_{\varepsilon \to 0}\left(\frac{1}{\varepsilon}-1\right) + \lim_{\varepsilon' \to 0}\left(-1+\frac{1}{\varepsilon'}\right) = \infty + \infty = \infty$$

この場合，被積分関数が与えられた限界内で ∞ となることを無視して積分すると

$$\int_0^2 \frac{1}{(x-1)^2}dx = \left[\frac{-1}{(x-1)}\right]_0^2 = -1-1 = -2$$

となるが，これが誤りである理由と，上端と下端を入れかえると有限値 2 となる理由を図を画いて考えてみられたい．

1 定積分の性質

$\int_{-1}^{1}\frac{1}{\sqrt{1+x^2}}dx$

〔例2〕 $\int_{-1}^{1}\frac{1}{\sqrt{1+x^2}}dx$ を求める．

公式を用いると直ちに

$$\int_{-1}^{1}\frac{1}{\sqrt{1+x^2}}dx = \left[\log\left(x+\sqrt{1+x^2}\right)\right]_{-1}^{1} = \log\frac{\sqrt{2}+1}{\sqrt{2}-1} = 2\log\left(\sqrt{2}+1\right)$$

ただし

$$\log\frac{\sqrt{2}+1}{\sqrt{2}-1} = \log\frac{\left(\sqrt{2}+1\right)\left(\sqrt{2}+1\right)}{\left(\sqrt{2}-1\right)\left(\sqrt{2}+1\right)} = \log\left(\sqrt{2}+1\right)^2$$
$$= 2\log\left(\sqrt{2}+1\right)$$

がえられるが，ここで $x = \cot\theta$ とおくと，$dx = -\operatorname{cosec}^2\theta\, d\theta$ になり，$x = -1$ に対し $\theta = -\pi/4$，$x = 1$ に対し $\theta = \pi/4$ とおくと

$$\int_{-1}^{1}\frac{1}{\sqrt{1+x^2}}dx = \int_{-\frac{\pi}{4}}^{\frac{\pi}{4}}\sin\theta\operatorname{cosec}^2\theta\, d\theta = -\int_{-\frac{\pi}{4}}^{\frac{\pi}{4}}\frac{1}{\sin\theta}d\theta$$
$$= \left[-\log\tan\frac{\theta}{2}\right]_{-\frac{\pi}{4}}^{\frac{\pi}{4}} = -\log\tan\frac{\pi}{8} + \log\tan\left(-\frac{\pi}{8}\right)$$
$$= -\log\sqrt{\frac{\sqrt{2}-1}{\sqrt{2}+1}} + \log\left\{-\sqrt{\frac{\sqrt{2}-1}{\sqrt{2}+1}}\right\}$$

ただし，$\int\frac{1}{\sin\theta}d\theta$ は $z = \tan\frac{\theta}{2}$ とおくと，三角学の公式より

$z = \tan\frac{\theta}{2} = \frac{1-\cos\theta}{\sin\theta}$ になり，θ について微分すると

$$\frac{dz}{d\theta} = \frac{\sin^2\theta - (1-\cos\theta)\cos\theta}{\sin^2\theta} = \frac{1}{\sin\theta}\cdot\frac{1-\cos\theta}{\sin\theta} = \frac{1}{\sin\theta}z$$

となるので $\frac{1}{\sin\theta} = \frac{1}{z}\cdot\frac{dz}{d\theta}$ となり

$$\int\frac{1}{\sin\theta}d\theta = \int\frac{1}{z}dz = \log z = \log\tan\frac{\theta}{2}$$

また

$$\tan\frac{\pi}{8} = \tan\frac{\pi/4}{2} = \sqrt{\frac{1-\cos\pi/4}{1+\cos\pi/4}} = \sqrt{\frac{1-1/\sqrt{2}}{1+1/\sqrt{2}}} = \sqrt{\frac{\sqrt{2}-1}{\sqrt{2}+1}}$$

となって前とちがった結果になるが，これは誤っているのであって，その理由は θ が $\theta = -\pi/4$ から $\theta = \pi/4$ に至る途中の $\theta = 0$ で $\cot\theta = \infty$ となり $1/\sin\theta = \infty$ となるためで，これをさけるには $x = -1$ に $\theta = 3\pi/4$ を，$x = 1$ に $\theta = \pi/4$ をとると，その途中の $\theta = \pi/2$ で $\cot\theta = 0$，$1/\sin\theta = 1$ で有限だから正しい答えが次のようにえられる．

$$\int_{-1}^{1}\frac{1}{\sqrt{1+x^2}} = \left[-\log\tan\frac{\theta}{2}\right]_{\frac{3\pi}{4}}^{\frac{\pi}{4}} = -\log\tan\frac{\pi}{8} + \log\tan\frac{3\pi}{8}$$
$$= -\log\sqrt{\frac{\sqrt{2}-1}{\sqrt{2}+1}} + \log\sqrt{\frac{\sqrt{2}+1}{\sqrt{2}-1}} = 2\log\left(\sqrt{2}+1\right)$$

ただし

$$\tan\frac{3\pi}{8} = \tan\left(\frac{\pi}{2} - \frac{\pi}{4}\right) = \cot\frac{\pi}{4} = \sqrt{\frac{1+\cos(\pi/4)}{1-\cos(\pi/4)}}$$

$$-\log\frac{1}{a} + \log a = \log\frac{a}{1/a} = \log a^2 = 2\log a$$

$\int_0^1 \frac{1}{\sqrt{x(1-x)}}dx$ 〔例 3〕 $\int_0^1 \frac{1}{\sqrt{x(1-x)}}dx$ を求める.

$x = \sin^2\theta$ とおくと，両辺を x について微分して $dx = 2\sin\theta\cos\theta\, d\theta$ になり，$1-x = 1-\sin^2\theta = \cos^2\theta$ となり，$x=1$ に $\theta=\pi/2$ が，$x=0$ に $\theta=0$ が対応するので

$$\int_0^1 \frac{1}{\sqrt{x(1-x)}}dx = \int_0^{\frac{\pi}{2}} \frac{2\sin\theta\cos\theta}{\sin\theta\cos\theta}d\theta = \int_0^{\frac{\pi}{2}} 2d\theta = \left[2\theta\right]_0^{\frac{\pi}{2}} = \pi$$

$\int_1^\varepsilon \frac{1}{x\{1+(\log x)^2\}}dx$ 〔例 4〕 $\int_1^\varepsilon \frac{1}{x\{1+(\log x)^2\}}dx$ を求める.

$\log x = z$ とおくと，その両辺を x について微分して，$dx = xdz$ となり，$x=\varepsilon$ で $z=\log\varepsilon = u$ とおくと $\varepsilon^u = \varepsilon$　$u=1$ となり，$x=1$ で $z=\log 1 = u$ とおくと $\varepsilon^u = 1$ で $u=0$ となるので

$$\int_1^\varepsilon \frac{1}{x\{1+(\log x)^2\}}dx = \int_0^1 \frac{1}{x(1+z^2)}xdz = \int_0^1 \frac{1}{1+z^2}dz$$

$$= \left[\tan^{-1}z\right]_0^1 = \tan^{-1}1 - \tan^{-1}0 = \frac{\pi}{4} - 0 = \frac{\pi}{4}$$

$\int_0^{\frac{\pi}{2}} x^3 \sin x\,dx$ 〔例 5〕 $\int_0^{\frac{\pi}{2}} x^3 \sin x\,dx$ を求める.

これには部分積分法を適用する．$f(x) = x^3$ とすると $f'(x) = 3x^2$, $g'(x) = \sin x$ とすると $g(x) = -\cos x$ になるので

$$\int_0^{\frac{\pi}{2}} x^3 \sin x\,dx = -\left[x^3\cos x\right]_0^{\frac{\pi}{2}} + 3\int_0^{\frac{\pi}{2}} x^2 \cos x\,dx = 3\int_0^{\frac{\pi}{2}} x^2 \cos x\,dx$$

この右辺に，部分積分法を用いるために $f(x) = x^2$ とすると，$f'(x) = 2x$, $g'(x) = \cos x$ とすると $g(x) = \sin x$ になり

$$3\int_0^{\frac{\pi}{2}} x^2 \cos x\,dx = 3\left[x^2\sin x\right]_0^{\frac{\pi}{2}} - 6\int_0^{\frac{\pi}{2}} x\sin x\,dx$$

$$= \frac{3\pi^2}{4} - 6\int_0^{\frac{\pi}{2}} x\sin x\,dx$$

さらに，この右辺の第 2 項に部分積分法を用いるために $f(x) = x$ とすると $f'(x) = 1$, $g'(x) = \sin x$ とすると，$g(x) = -\cos x$ になり

$$\frac{3\pi^2}{4} - 6\int_0^{\frac{\pi}{2}} x\sin x\,dx = \frac{3\pi^2}{4} + 6\left[x\cos x\right]_0^{\frac{\pi}{2}} - 6\int_0^{\frac{\pi}{2}} x\cos x\,dx$$

$$= \frac{3\pi^2}{4} + 0 - 6[\sin x]_0^{\frac{\pi}{2}} = \frac{3\pi^2}{4} - 6$$

注：例えば $\int x^3 \sin x dx$ に部分積分をほどこすことを $-\int x^3 d(\cos x)$，$\int x^2 \cos x dx$ に部分積分をほどこすことを $\int x^2 d(\sin x)$ というように記してもよい．

1・4 定積分の近似計算法

被積分関数が数式として与えられず，数値またはグラフとして与えられ，その数式化が容易でないとき，その定積分を近似的に求めることが工学上において，例えば軌条や構材の断面の計算などで要求される場合がある．これには，方眼用紙にグラフを画いて方眼の目を数えて近似値をえたり，または単位面積当たりの目方の一様な薄鉄板や板紙に図形を画いて切りとり，その重さを量って面積を求めたり，あるいはまた，積分器(Integraph)や面積計(Planimeter)を用いたりするが，ここでは一般に用いられている数学的な方法について説明しよう．

台形公式

(1) 台形公式による場合

定積分を求める積分変数 x の区間を $[a, b]$ とし，この区間 a, b 間を n 箇の相等しい部分に分け，その1区分の長さを $h = (b-a)/n$ とし，各区分点での関数の値 $f(x)$ をそれぞれ $y_0, y_1, y_2 \cdots y_{n-1}, y_n$ とすると，定積分の定義によって，

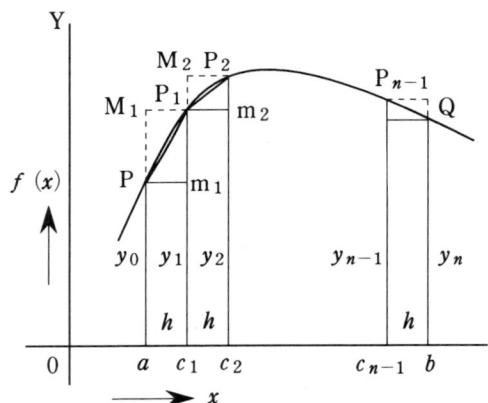

図1・4 台形公式による近似値

$$\int_a^b f(x)dx = \lim_{n\to\infty}(y_0 h + y_1 h + y_2 h + \cdots + y_{n-1} h)$$
$$\fallingdotseq h(y_0 + y_1 + y_2 + \cdots + y_{n-1}) \tag{1}$$

$$\int_a^b f(x)dx = \lim_{n\to\infty}(y_1 h + y_2 h + y_3 h + \cdots + y_n h)$$
$$\fallingdotseq h(y_1 + y_2 + y_3 + \cdots + y_n) \tag{2}$$

となるが，(1)式は内側の矩形，すなわち $aPm_1 c_1, c_1 P_1 m_2 c_2, \cdots\cdots$ などの和になって，

1・4 定積分の近似計算法

この場合は実際の定積分より小さくなり，これに反し，(2)式は外側の矩形，すなわち $aM_1P_1c_1$, $c_1M_2P_2c_2$, ……などの和になって，この場合は実際の定積分より大きくなるので，(1)式と(2)式を加えて2で除して相加平均をとると，

$$\int_a^b f(x)dx \fallingdotseq \frac{h}{2}\{y_0 + 2(y_1 + y_2 + \cdots\cdots + y_{n-1}) + y_n\} \qquad (1\cdot25)$$

台形公式 となる．これを**台形公式**といい面積は aPP_1c_1, $c_1P_1P_2c_2$……などの和になるので，曲線 $y=f(x)$ が上に凸であると真値より小さくなり，これに反して上に凹であると真値より大きくなる．この近似精度を見るために既知の定積分の例を用いて示すと

$$\int_0^1 \frac{1}{1+x^2}dx = \left[\tan^{-1}x\right]_0^1 = \frac{\pi}{4} = 0.785398\cdots\cdots$$

になるが台形公式で〔0, 1〕間を10等分して $h = 0.1$ とすると

$$y_1 = \frac{100}{101} = 0.99010 \quad y_2 = \frac{100}{104} = 0.96154 \quad y_3 = \frac{100}{109} = 0.91743$$

$$y_4 = \frac{100}{116} = 0.86207 \quad y_5 = \frac{100}{125} = 0.80000 \quad y_6 = \frac{100}{136} = 0.73529$$

$$y_7 = \frac{100}{149} = 0.67114 \quad y_8 = \frac{100}{164} = 0.60976 \quad y_9 = \frac{100}{181} = 0.55249$$

となり $y_1 + y_2 + \cdots + y_9 = 7.09982$ になり，$y_0 = 1$ であり $y_n = 100/20.0 = 0.5$ になるので

$$\int_0^1 \frac{1}{1+x^2}dx \fallingdotseq \frac{0.1}{2}(1 + 2 \times 7.09982 + 0.5) = 0.784982\cdots$$

となって，この場合の誤差はきわめて小さく0.5%程度である．

シンプソンの公式

(2) シンプソンの公式による場合

(1)の台形公式は曲線の区切られた部分 $P, P_1, P_2, \cdots P_{n-1}, Q$ の曲線の代りに直線でおきかえて，その面積を求めたので，結局は各部分で関数 $f(x)$ の代りに直線をあらわす $y = ax + b$ におきかえたものと考えられる．

しかし実際の曲線 $y = f(x)$ は直線とはちがうので，もっとも自然的な曲線として放物線をもって，この区間の曲線の代用とするなら，さらに精度の高い近似値がえられよう．x と y の2次方程式で xy の項をふくまず x^2 か y^2 の項の係数が0であると，この2次方程式は放物線になる．この場合の放物線の式は

$$y = ax^2 + bx + c$$

をもってあらわすことができる．さて図1・5で〔a, b〕間を $2n$ に等分し，各小区間の長さを $h = (b-a)/2n$ とし，まず，最初の曲線の面積部分 $\Delta S_1 = aPP_2c_2$ をとり，P_1c_1 を主軸と考えると，このときの y の値は，上式で $x = 0$ とおいた $y_1 = c$ となり $y_0 = Pa$ は上式の x に $x = -h$ を代入したものになり，$y_2 = P_2c_2$ は上式の x に $x = +h$ を代入したものになるので

$$y_0 = ah^2 - bh + c, \quad y_1 = c, \quad y_2 = ah^2 + bh + c \qquad (1)$$

になる．次に，この面積を定積分によって求めると

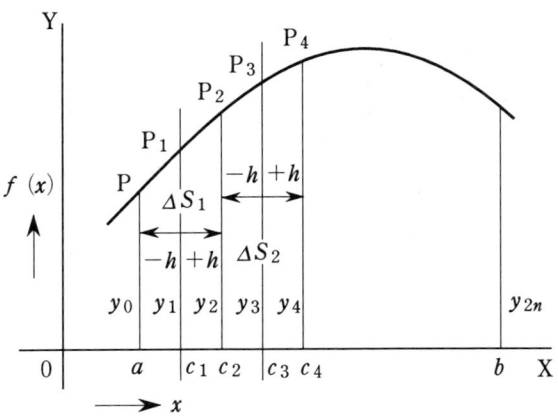

図 1・5　シンプソンの公式による近似値

$$\Delta S_1 = \int_{-h}^{h}(ax^2+bx+c)dx = \left[\frac{ax^3}{3}+\frac{bx^2}{2}+cx\right]_{-h}^{h}$$

$$= \frac{h}{3}(2ah^2+6c) \tag{2}$$

となるが，以上の(1)式の y_0, y_1, y_2 の和に $h/3$ を乗じたものと，この(2)式を相等しくするためには y_1 を4倍して和をとればよく，すなわち

$$\Delta S_1 = \frac{h}{3}(2ah^2+6c) = \frac{h}{3}(y_0+4y_1+y_2)$$

さらに，次の曲線部分 $\Delta S_2 = c_2P_2P_4c_4$ においても P_3c_3 を主軸として考えると同様にして

$$\Delta S_2 = \frac{h}{3}(y_2+4y_3+y_4)$$

同様に

$$\Delta S_3 = \frac{h}{3}(y_4+4y_5+y_6)$$

となり，これらの ΔS を加えると以上から明らかなように奇数番目の y_1, y_3, y_5 ……は4倍となり，偶数番目の y_2, y_4, y_6 ……は2倍となるので，〔a, b〕間の面積は

$$\int_a^b f(x)dx \fallingdotseq \frac{h}{3}\{y_0+4(y_1+y_3+y_5+\cdots+y_{2n-1})$$

$$+2(y_2+y_4+y_6+\cdots+y_{2n-2})+y_{2n}\} \tag{1・26}$$

シンプソンの公式　となる．これをシンプソンの公式（Simpson's Formula）といい，台形公式よりは精度が高く工学上においても広く用いられている．

　注：Thomas Simpson (1710-1761) は英国の数学者であって，この公式はMathematical Dissertation (1743) に掲載されていて，ここでは省略したがTaylarの展開式を用いて証明するのが正道である．この式はニュートンがシンプソン以前に用いていたということである．なお，俗称シンプソンとしておいたが，本人のほんとうの名前はシムソンであって，ここでも「シンプソンとはおれのことかとシムソンいい」である．

　この式の精度を見るために前例の定積分 $\int_0^1 \frac{1}{1+x^2}dx$ をこの方法で求めると前と同様にして

1·4 定積分の近似計算法

$$y_1+y_3+y_5+y_7+y_9=3.93116 \qquad y_2+y_4+y_6+y_8=3.16866$$

$$\int_0^1 \frac{1}{1+x^2}dx ≒ \frac{0.1}{3}\{1+(4\times 93116+2\times 3.16866)+0.5\}=0.785399$$

でほとんど真値に等しいことが分かる.

ここでは詳論をさけるが,この公式の誤差は $f^{(4)}(x)$ の $[a, b]$ 間での最大値を M とすると,誤差は $(Mh^5 n/90)$ よりも小さいことが証明されている.

例えば $\int \varepsilon^{-x^2}dx$ は有限項の数式であらわしえない積分であるが,これにシンプソンの公式を用い $\int_0^1 \varepsilon^{-x^2}dx$ を求めてみよう. いま区間 $[0, 1]$ 間で $n=5$ とすると $h=1/2n=0.1$ になって, $y_0=\varepsilon^0=1$, $y_1=\varepsilon^{-0.01}=0.9900$, $y_2=\varepsilon^{-0.04}=0.9608$, $y_3=\varepsilon^{-0.09}=0.9139$……というようになり

$$y_1+y_3+\cdots+y_7=3.7402, \quad y_2+y_4+\cdots+y_8=3.0379$$

$\int_0^1 \varepsilon^{-x^2}dx$

$$\int_0^1 \varepsilon^{-x^2}dx ≒ \frac{0.1}{3}\{1+(4\times 3.7402+2\times 3.0.379)+0.3679\}=0.7468$$

というように求めることができる.

級数展開

(3) 級数展開による場合

被積分関数を級数に展開して各項毎に積分によって近似値を求める. 例えば前例の

$$\varepsilon^{-x^2}=1-x^2+\frac{x^4}{2!}-\frac{x^6}{3!}+\frac{x^8}{4!}-\frac{x^{10}}{5!}\cdots\cdots$$

となるので

$$\int_0^1 \varepsilon^{-x^2}dx = \int_0^1 \left(1-x^2+\frac{x^4}{2!}-\frac{x^6}{3!}+\frac{x^8}{4!}-\frac{x^{10}}{5!}\right)dx$$

$$=\left[x-\frac{x^3}{3}+\frac{x^5}{5\times 2!}-\frac{x^7}{7\times 3!}+\frac{x^9}{9\times 4!}-\frac{x^{11}}{11\times 5!}\right]_0^1$$

$$=(1-0.3333+0.1-0.0238+0.0049-0.0007)≒0.747$$

となって,前にシンプソンの方法で求めたのとほぼ一致する. いま, 1例をあげると

$$\sin x = x-\frac{x^3}{3!}+\frac{x^5}{5!}-\frac{x^7}{7!}+\cdots\cdots$$

となるので

$\int_0^{\frac{\pi}{2}} \frac{\sin x}{x}dx$

$$\int_0^{\frac{\pi}{2}} \frac{\sin x}{x}dx = \int_0^{\frac{\pi}{2}}\left(1-\frac{x^2}{6}+\frac{x^4}{120}-\frac{x^6}{5040}\right)dx$$

$$=\left[x-\frac{x^3}{18}+\frac{x^5}{600}-\frac{x^7}{35280}\right]_0^{\frac{\pi}{2}}$$

$$=1.5708-0.2153+0.0159-0.0003≒1.3711$$

というように求められる.

図解定積分法

(4) 図解定積分法

ここでこのことを説明すると上記と混同されるかも知れないが,以上で述べた (1) (2) では $y=f(x)$ のグラフを与えて,これが X 軸との間に形成する面積,すなわち

1 定積分の性質

定積分の近似値を求めたが，この $f(x)$ のグラフが与えられたとき

$$F(x) = \int_a^x f(x)dx \tag{1}$$

の画くグラフを図上で近似的に求める図解定積分法は，例えば実験値から $f(x)$ のグラフを知って $F(x)$ のグラフを図上で求めるなど工学上に応用されることがあるので述べておこう．その原理は $f(x)$ の原始関数 $F(x)$ の接線の方向係数 $\tan\theta = f(x)$ になることを利用する．

すなわち図1·6で $f(x)$ の曲線上に P, P_1, P_2, P_3 ……をほぼ等間隔にとる．$x = a$ の P 点を始点とし，各点から X 軸に下ろした垂線の足を c_1, c_2, c_3 ……とする．上式から明らかなように

$$F(a) = \int_a^a f(x)dx = 0 \tag{2}$$

となるので $F(x)$ のグラフは a 点を通る．この a 点での $F(x)$ の接線の方向係数 $\tan\theta = f(a) = \mathrm{P}a$ になるので，a の左方に $ba = 1$ になるように b をとると，$F(x)$ の接線は $b\mathrm{P}$ に平行になる．すなわち

$$F(a) \text{の接線の方向係数} \quad \tan\theta = \frac{\mathrm{P}a}{ba} = \mathrm{P}a = f(a)$$

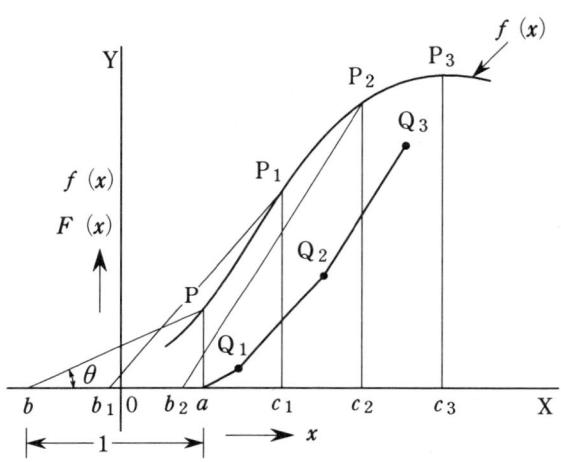

図1·6　図解定積分法

そこで，$b\mathrm{P}$ に平行に $a\mathrm{Q}_1$（Q_1 は ac_1 間の中点）を引く．次に $x = c_1$ 点では，同様に $F(c_1)$ の接線の方向係数を $b_1c_1 = 1$ になるように b_1 をとると

$$F(c_1) \text{の接線の方向係数} \quad \tan\theta_1 = \frac{\mathrm{P}_1c_1}{b_1c_1} = \mathrm{P}_1c_1 = f(c_1)$$

となるので，$b_1\mathrm{P}_1$ に平行に $\mathrm{Q}_1\mathrm{Q}_2$（Q_2 は c_1c_2 間の中点）を引く．さらに $x = c_2$ 点では $F(c_2)$ の接線の方向係数を $b_2c_2 = 1$ になるように b_2 をとると

$$F(c_2) \text{の接線の方向係数} \quad \tan\theta_2 = \frac{\mathrm{P}_2c_2}{b_2c_2} = \mathrm{P}_2c_2 = f(c_2)$$

となるので $b_2\mathrm{P}_2$ に平行に $\mathrm{Q}_2\mathrm{Q}_3$（Q_3 は c_2c_3 間の中点）を引く．このようにして以下 $a\mathrm{Q}_1\mathrm{Q}_2\mathrm{Q}_3$ を画くと，以上から明らかなように(1)式をあらわす $F(x)$ のグラフになる．

図では折線の形になっているが，曲線 $F(x)$ はこれに引いた $f(x)$ の値に等しい接線部分の無限の集合と解されるので，図上で P, P_1, P_2, P_3 ……を近接してとるほど

曲線に近い形になる．

1・5 重要な定積分

次によく用いる重要な定積分の主な式を示すが，以上に対する学習もかねて，これらを証明してみられよ．

$$\int_a^b \frac{\beta}{\alpha x} dx = \frac{\beta}{\alpha} \log \frac{b}{a} \tag{1・27}$$

例えば同軸円筒ケーブルの静電容量や絶縁抵抗の計算に用いる．

$$\int_0^\infty \frac{1}{a+bx^2} dx = \frac{\pi}{2\sqrt{ab}} \tag{1・28}$$

$$\int_0^\infty \frac{1}{x^4+1} dx = \frac{\pi}{2\sqrt{2}} \tag{1・29}$$

構造の理論などに用いる．

$$\int_{-a}^a \frac{\sqrt{a^2-t^2}}{x-t} dt = \pi x \tag{1・30}$$

材料力学の問題などに用いる．

$$\frac{1}{\pi} \int_0^\pi E_m \sin x dx = \frac{2E_m}{\pi} \tag{1・31}$$

交流の平均値の計算などに用いる．

$$\int_0^{\frac{\pi}{2}} \sin^{2n+1} x dx = \frac{2 \cdot 4 \cdot 6 \cdots 2n}{3 \cdot 5 \cdot 7 \cdots (2n+1)} \quad (n\text{は正の整数}) \tag{1・32}$$

$$\int_0^{\frac{\pi}{2}} \sin^{2n} x dx = \frac{1 \cdot 3 \cdot 5 \cdots (2n-1)}{2 \cdot 4 \cdot 6 \cdots n} \cdot \frac{\pi}{2} \quad (n\text{は正の整数}) \tag{1・33}$$

$n=1$のときは$\pi/2$となり，交流の実効値の計算などに用いる．

$$\int_0^\pi \frac{\cos n\theta}{\cos\theta - \cos\phi} d\theta = \pi \frac{\sin n\phi}{\sin \phi} \quad (0<\phi<\pi,\ n \geq 0) \tag{1・34}$$

航空機の翼の理論などに用いる．

$$\int_0^\pi \sin ax \sin bx dx = \int_0^\pi \cos ax \cos bx dx = 0 \quad (a \neq b) \tag{1・35}$$

$$\int_0^\infty \frac{\sin bx}{x} = \frac{\pi}{2} \quad (b>0) \tag{1・36}$$

$$\int_0^\infty \varepsilon^{-x} dx = 1, \quad \int_0^\infty \varepsilon^{-x^2} dx = \frac{1}{2}\sqrt{\pi} \tag{1・37}$$

$$\int_0^\infty x^n \varepsilon^{-ax} dx = \frac{n!}{a^{n+1}} \quad (n\text{は正の整数}) \tag{1・38}$$

$$\int_0^\infty \varepsilon^{-ax} \sin bx dx = \frac{b}{a^2+b^2} \tag{1・39}$$

2　定積分の応用一般

　微分法の応用では大局的な性質にもとづいて局所的な性質を明らかにしたが，反対に積分法の応用では局所的な性質にもとづいて大局的な性質を明らかにする．この微分と積分の相互関係はそれらの応用がどのような形を取る場合にも，そのまま保たれる．本章ではまず定積分の一般的応用について習熟し，それを基礎にして章をあらためて電気工学における応用について解説することにしよう．

2・1　平面形面積の計算

面積　　図2・1のような変数xの連続関数$f(x)$がX軸との間に形成する面積は既述したように

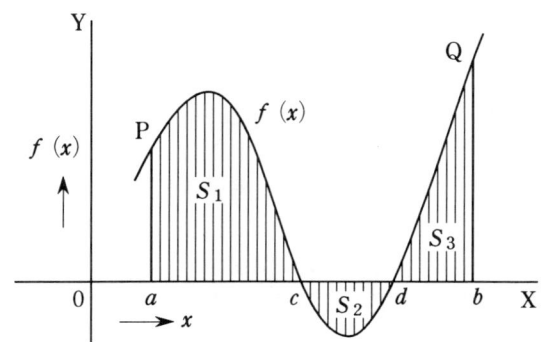

図2・1　平面積の総合計算

$$S = F(x) = \int_a^x f(x)dx$$

によって求められる．この$f(x)$が図のようにac間ではS_1のように正でありcd間ではS_2のように負であり，db間ではS_3のように正であると

$$\int_a^b f(x)dx = S_1 - S_2 + S_3 \tag{2・1}$$

と代数和を与えることになるので，すべての面積を正として，その和を求める場合は$[a, b]$を$f(x)$の正となる区間と負となる区間に分けて，それぞれについて求めて絶対値の和をとらねばならない．すなわち

$$S_1 + |S_2| + S_3 = \int_a^c f(x)dx + \left|\int_c^d f(x)dx\right| + \int_d^b f(x)dx \tag{2・2}$$

として計算をする．

　また，曲線$y = f(x)$と$y = \varphi(x)$によって$[a, b]$間において，かこまれた面積Sは

2・1 平面形面積の計算

図2・2の(a)に示すように$f(x) > \varphi(x)$とすると

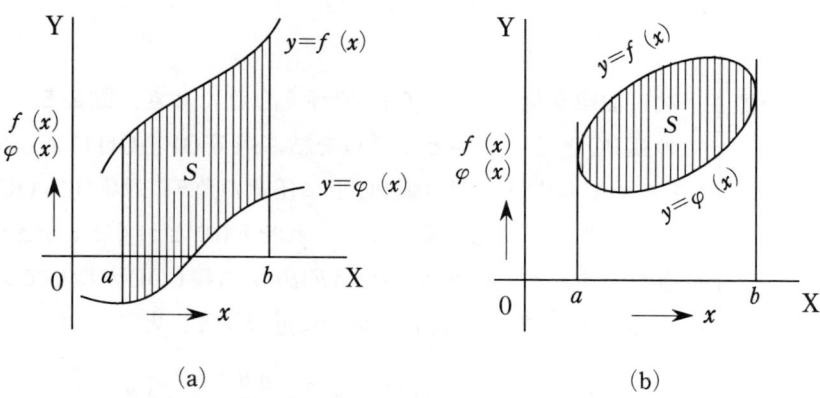

(a)　　　　　　　　　　　(b)

図2・2　二つの関数にかこまれた面積

$$S = \int_a^b f(x)dx - \int_a^b \varphi(x)dx = \int_a^b \{f(x) - \varphi(x)\}dx \tag{2・3}$$

として求められる．なお，(b)のような閉曲線の場合は，Y軸に平行な二つの接線$x = a$，$x = b$をもってこの閉曲線を挟み，上半分の曲線を$y = f(x)$，下半分の曲線を$y = \varphi(x)$とすると，この閉曲線のかこむ面積は上式によって求められる．

さらに，図2・3に示すように曲線の式が$x = f(y)$で与えられたとき，$y = \alpha$から$y = \beta$までの区間でY軸との間に形成する面積は

$$S = \int_\alpha^\beta f(y)dy \tag{2・4}$$

によって求められる．

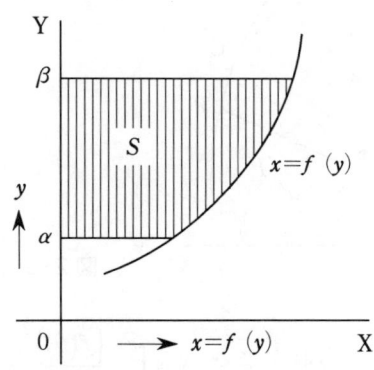

図2・3　$x = f(y)$の場合

また，図2・4のように，$f(x)$と$\varphi(x)$が$x = c$を境界点として，その大小関係が入れかわる場合，両曲線間で形成する面積は

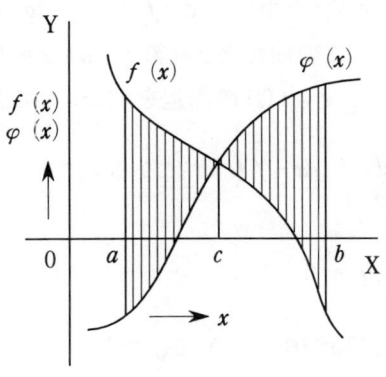

図2・4　$f(x)$と$\varphi(x)$の大小が変わる場合

$$S = \int_a^c \{f(x) - \varphi(x)\} dx + \int_c^b \{\varphi(x) - f(x)\} dx \tag{2・5}$$

として求められる．

極座標　次に曲線が極座標 $r = f(\theta)$ で与えられたとき，図2・5において $\theta = \alpha$ から $\theta = \beta$ までの弧PQとその両端と原点Oを結ぶ線分OP，OQによってかこまれた面積POQ $= S$ を求めてみよう．図の弧PQ上に任意の角 θ に対応する $OC = r$ をとると，POCの面積は θ によって変化するので，これを $F(\theta)$ とおくと θ が $\Delta\theta$ だけ増して，C点がD点にきたとすると，$F(\theta)$ の増分 $\Delta F(\theta) =$ 面積COD が微小であるとOCを半径とする円の中心角が $\Delta\theta$ である扇形の面積に近似する．ところが

$$\text{扇形 OC'C の面積} = \pi r^2 \times \frac{\Delta\theta}{2\pi} = \frac{r^2}{2}\Delta\theta$$

になるので

$$\Delta F(\theta) \fallingdotseq \frac{r^2}{2}\Delta\theta, \quad \frac{\Delta F(\theta)}{\Delta\theta} \fallingdotseq \frac{r^2}{2}$$

$$\lim_{\Delta\theta \to 0} \frac{\Delta F(\theta)}{\Delta\theta} = \frac{dF(\theta)}{d\theta} = \frac{r^2}{2}, \quad F(\theta) = \int \frac{r^2}{2} d\theta$$

$$\therefore \ S = \text{POQ の面積} = \int_\alpha^\beta \frac{r^2}{2} d\theta \tag{2・6}$$

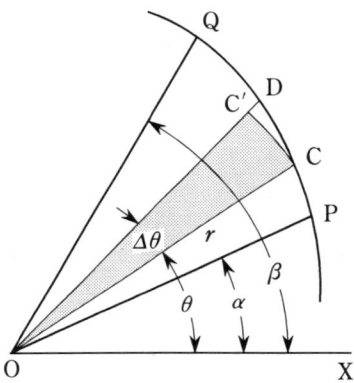

図2・5　極座標の場合の面積

また $r = f(\theta)$ として与えられたとき $S = \int_{\theta_1}^{\theta_2} \frac{\{f(\theta)\}^2}{2} d\theta$

によって求められる．

さらに，曲線の方程式が媒介変数 t を用いて $x = f(t)$，$y = g(t)$ で与えられたとき，$a = f(t_1)$，$b = f(t_2)$ であると，この曲線と2直線 $x = a$，$x = b$ とX軸によってかこまれた部分の面積Sを求めるのに，$x = f(t)$ の両辺を x について微分すると

$$1 = \frac{df(t)}{dt} \cdot \frac{dt}{dx} = f'(t)\frac{dt}{dx}, \quad dx = f'(t)dt \text{ になるので}$$

$$S = \int_a^b y dx = \int_{t_1}^{t_2} g(t) f'(t) dt \tag{2・7}$$

というようになる．これはまた，図2・6のようにも考えられる．すなわち図で曲線

2·1 平面形面積の計算

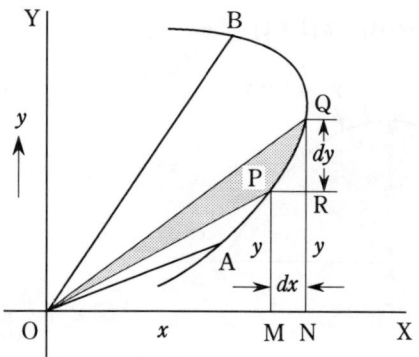

図2·6 媒介変数表示の場合の求積

によってかこまれる面積OABを求めるために，曲線上に接近した2点P，Qをとり，それぞれの座標を (x, y) および $(x+dx, y+dy)$ とすると，OPQの面積はPQを直線とみなすと

面積 OPQ ＝△OQNの面積－△OPMの面積
　　　　－▭MPRNの面積－△PQRの面積

$$= \frac{1}{2}(x+dx)(y+dy) - \frac{1}{2}xy - ydx - \frac{1}{2}dxdy$$

$$= \frac{1}{2}(xdy - ydx)$$

となり，これをAからBまで積分すると求めるOABの面積Sになるので

$$S = \frac{1}{2}\int_A^B (xdy - ydx) \tag{2·8}$$

ここで示した下端，上端のA，Bは $\int (x)dy$ ではA，Bにおける y の値を下端，上端とし，$\int ydx$ ではA，Bにおける x の値を下端，上端とすることを意味している．ここで，$x=f(t)$，$y=g(t)$ とし，それぞれの両辺を x および y について微分すると，$dx=f'(t)dt$，$dy=g'(t)dt$ になるので，上式はAにおける t の値を t_1，Bにおける t の値を t_2 とすると

$$S = \frac{1}{2}\int_{t_1}^{t_2} \{f(t)g'(t) - g(t)f'(t)\}dt \tag{2·9}$$

としてSが求められる．

閉曲線の面積　　注：閉曲線の面積は曲線の全周に沿って求積することになり，これを

$$S = \frac{1}{2}\oint (xdy - ydx), \quad \text{または} \quad S = \frac{1}{2}\oint \{f(t)g'(t) - g(t)f'(t)\}dt$$

と書く．この丸についている矢は積分の方向をあらわす．

上述のような理論式は実際の適用例を示さないと画餅に帰するおそれがあるので，次に実例をあげて上述した理論式を適用して各種の平面図形の面積を求めてみよう．

正弦波　　〔例1〕　正弦波 $y=a\sin x$ の $x=0$ から $x=\pi$ までの曲線がX軸との間に形成する面積を求めてみよう．

図2·7の正弦波に (2·1) 式を用いると

$$S = \int_0^\pi ydx = \int_0^\pi a\sin xdx = a[-\cos x]_0^\pi$$

－27－

$$= a\{-\cos\pi-(-\cos 0)\} = a(1+1) = 2a$$

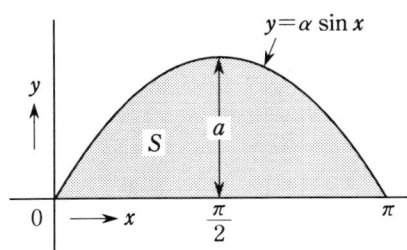

図 2·7　正弦波の面積

となる．かりに正弦波電流 $i = I_m \sin\omega t$ を全波整流して可動コイル型計器で測ると平均値を指示するので，その指示値は $I = S/\pi = 2I_m/\pi$ になり，半波整流では 2π 間にこの S に相当するものが流れるので，その指示値は

　　　$I = S/2\pi = I_m/\pi$　　になる

円の面積

〔例 2〕　半径が r である円の面積を求めてみる．

この場合は図 2·8 に示すように円の 1/4 の部分について面積を求めて 4 倍すればよい．円の方程式は $x^2 + y^2 = r^2$ になるので $y = \sqrt{r^2 - x^2}$ となり，この y を $x = 0$ から $x = r$ まで積分することになるので

$$\frac{1}{4}S = \int_0^r \sqrt{r^2 - x^2}\, dx = \frac{1}{2}\left[x\sqrt{r^2 - x^2} + r^2 \sin^{-1}\frac{x}{r}\right]_0^r$$

$$= \frac{1}{2}\left(r^2 \sin^{-1} 1 - r^2 \sin^{-1} 0\right) = \frac{\pi r^2}{4}$$

$$S = \pi r^2$$

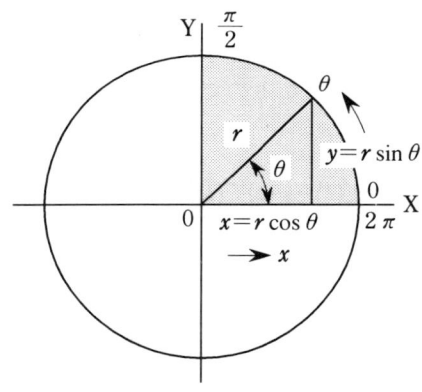

図 2·8　円の面積

ここで，$\sin^{-1} 1$ というのは $\sin\theta = 1$ となるような θ というのだから $\theta = \pi/2$ となり，$\sin^{-1} 0$ というのは $\sin\theta = 0$ となるような θ というのだから $\theta = 0$ になる．さて，この場合，置換積分法を適用して，$x = r\cos\theta$ とおくと，$y = r\sin\theta$ になり，$dx = -r\sin\theta$ として積分できるが，そうなると媒介変数表示の場合になるので，(2·7) 式を用いる方が得策になる．本問では θ を媒介変数として $x = f(\theta) = r\cos\theta$，$y = g(\theta) = r\sin\theta$ になり，

$$f'(\theta) = \frac{d}{d\theta} r\cos\theta = -r\sin\theta$$

θ は $\theta = 0$ から $\theta = \pi/2$ まで積分することになるので

$$\frac{1}{4}S = \int_0^{\frac{\pi}{2}} r\sin\theta(-r\sin\theta)d\theta = r^2 \int_0^{\frac{\pi}{2}} -\sin^2\theta\, d\theta = \frac{\pi r^2}{4}$$

ただし，三角法の公式 $1-2\sin^2\theta = \cos 2\theta$ を用いると，

$$-\sin^2\theta = \frac{1}{2}(1+\cos 2\theta) \quad \text{になり}$$

$$\int_0^{\frac{\pi}{2}} -\sin^2\theta d\theta = \frac{1}{2}\int_0^{\frac{\pi}{2}}(1+\cos 2\theta)d\theta = \frac{1}{2}\int_0^{\frac{\pi}{2}}d\theta + \frac{1}{2}\int_0^{\frac{\pi}{2}}\cos 2\theta d\theta$$

$$= \frac{1}{2}[\theta]_0^{\frac{\pi}{2}} + \frac{1}{4}[\sin 2\theta]_0^{\frac{\pi}{2}} = \frac{\pi}{4} + 0 = \frac{\pi}{4}$$

なお $\int \cos 2\theta d\theta$ は，$2\theta = z$ とおくと，この両辺を θ で微分すると

$$d\theta = \frac{1}{2}dz \quad \text{になり，次のようになる}$$

$$\int \cos 2\theta d\theta = \frac{1}{2}\int \cos z dz = \frac{1}{2}\sin z = \frac{1}{2}\sin 2\theta$$

この場合，別に 1/4 円について求めなくとも全円について求めて

$$S = \int_0^{2\pi} -r^2\sin^2\theta d\theta = \frac{r^2}{2}[\theta]_0^{2\pi} + \frac{r^2}{4}[\sin 2\theta]_0^{2\pi} = \pi r^2$$

としてもよい．また，これを (2・6) 式の極座標によって求めると，円の中心を原点にとると θ にかかわらず r は一定値 $f(\theta) = r$ だから

$$S = \int_0^{2\pi} \frac{r^2}{2}d\theta = \frac{r^2}{2}[\theta]_0^{2\pi} = \pi r^2$$

となって，この方法が最も簡単であり賢明なことが理解される．

また，楕円の場合も同様であるから，簡単に付記しておく．その方程式は長軸長 $=2a$, 短軸長 $=2b$ とすると

$$\frac{x^2}{a^2} + \frac{y^2}{b^2} = 1 \quad \text{であって，} \quad y = \frac{b}{a}\sqrt{a^2-x^2}$$

となり，その 1/4 を求めるには $x=0$ から $x=a$ までを積分することになり

$$\frac{1}{4}S = \frac{b}{a}\int_0^a \sqrt{a^2-x^2}dx = \frac{b}{2a}\left[x\sqrt{a^2-x^2} + a^2\sin^{-1}\frac{x}{a}\right]_0^a$$

$$= \frac{b}{2a}\left(a^2\sin^{-1}1 - a^2\sin^{-1}0\right) = \frac{b}{2a}\cdot\frac{a^2\pi}{2} = \frac{\pi ab}{4}$$

となって $S=\pi ab$ になる．この場合 (2・6) 式によって求めると，極を中心とした楕円の極座標系による式を用い

$$\frac{1}{4}S = \int_0^{\frac{\pi}{2}} \frac{r^2}{2}d\theta = \frac{a^2b^2}{2}\int_0^{\frac{\pi}{2}} \frac{1}{a^2\sin^2\theta + b^2\cos^2\theta}d\theta$$

$$= \frac{a^2b^2}{2}\cdot\frac{1}{ab}\left[\tan^{-1}\frac{b}{a}\tan x\right]_0^{\frac{\pi}{2}} = \frac{a^2b^2}{2}\cdot\frac{1}{ab}\cdot\frac{\pi}{2} = \frac{\pi ab}{4}$$

と求められるが，この場合は前者の方法の方が簡単である．

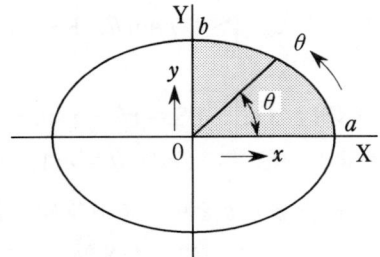

楕円の面積

図 2・9　楕円の面積

三葉曲線 〔例3〕 **三葉曲線**$r = a\cos3\theta$，ただし$(a>0)$によって囲まれた面積を求める．

この曲線を示すと**図2・10**のようになり，$(2・6)$式を用いて角θが0から$\frac{\pi}{6}$までの面積の6倍をとればよいことになる．

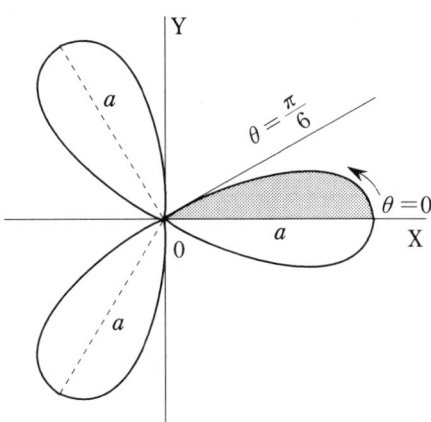

図2・10　三葉曲線の面積

$$S = 6\int_0^{\frac{\pi}{6}} \frac{a^2}{2}\cos^2 3\theta d\theta$$

$$= a^2\int_0^{\frac{\pi}{2}} \cos^2 u du = a^2\left[\frac{u + \sin 2u}{2}\right]_0^{\frac{\pi}{2}} = \frac{\pi a^2}{4}$$

ただし，$3\theta = u$とおくと $d\theta = \frac{1}{3}du$ となり，$\theta = \frac{\pi}{6}$のとき $u = \frac{\pi}{2}$，$\theta = 0$のとき $u = 0$になり

$$\int \cos^2 u du = \frac{1}{2}\int(1 + \cos 2u)du = \frac{u}{2} + \frac{\sin 2u}{2}$$

$\because z = 2u$とおくと $du = \frac{1}{2}dz$ となり

$$\int \cos 2u du = \frac{1}{2}\int \cos z dz = \frac{\sin z}{2} = \frac{\sin 2u}{2}$$

サイクロイド曲線 〔例4〕　サイクロイド曲線がX軸との間に形成する面積を求める．

直線上または円周上を円が空転することなく回転するとき，回転円の円周上の定点Pが画く曲線を**サイクロイド**(Cycloid)という．本問はX軸上を**図2・11**で示すように円が回転する場合で，回転円の半径をr，原点Oと回転円上の定点Pが一致した位置から角θ ($\theta = \angle$PRS)だけ回転した位置を考えると，空転しないのだから，回転円が直線上を進んだ距離$\overline{\text{OT}}$は，これと接しつつ回った円周部分$\overarc{\text{PT}}$に等しい．この$\overarc{\text{PT}} = r\theta$であるから，$\overline{\text{OT}} = r\theta$になる．今，回転円の中心Rから垂線RTを引き，P点からRTに垂線PSを引くと，PS$= r\sin\theta$，RS$= r\cos\theta$となり，P点の座標を(x, y)とすると

$$x = \text{OQ} = \text{OT} - \text{QT} = \text{OT} - \text{PS} = r\theta - r\sin\theta = r(\theta - \sin\theta)$$
$$y = \text{PQ} = \text{ST} = \text{RT} - \text{RS} = r - r\cos\theta = r(1 - \cos\theta)$$

になる．これは明らかに媒介変数θを用いて直交座標系であらわされたサイクロイド曲線の方程式である．そこで，この曲線がX軸との間に形成する面積を求めるのに

(2・7)式を用いる．この場合の

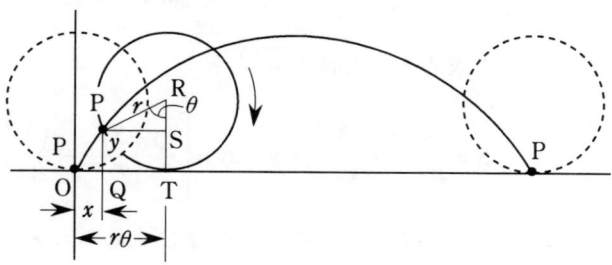

図2・11　サイクロイド曲線の面積

$$x = f(t) = r(\theta - \sin\theta)$$
$$y = g(t) = r(1 - \cos\theta)$$

になり，t は θ に相当し，$f'(t) = \dfrac{df(\theta)}{d\theta} = r(1-\cos\theta)$ となるので

$$S = \int_0^{2\pi} y\,dx = \int_0^{2\pi} r^2(1-\cos\theta)^2 d\theta = r^2 \int_0^{2\pi}(1 - 2\cos\theta + \cos^2\theta)d\theta$$
$$= r^2\left[\theta - 2\sin\theta + \dfrac{\theta + \sin 2\theta}{2}\right]_0^{2\pi} = 3\pi r^2$$

ただし，この場合は x についても θ についても，ともに0から 2π までを積分することになる．

〔例5〕　二つの曲線 $y^2 = x$ と $(y+3)^2 = 4x$ の間に形成される面積を求める．

この場合の二つの曲線の交点P，Rは図2・12に示すように，この二つの方程式を連立方程式として解いた根になり，

$$(y+3)^2 = 4x = 4y^2, \quad y+3 = \pm 2y$$

となるので，$y = -1$, $x = 1$ のP点 $(1, -1)$ と $y = 3$, $x = 9$ のR点 $(9, 3)$ になる．従って，この二つの曲線によって形成される面積を(2・3)式によって，二つの部分POQとPQRに分けて求めると

$$S = \int_0^1 \{\sqrt{x} - (-\sqrt{x})\}dx + \int_1^9 \{\sqrt{x} - (2\sqrt{x}-3)\}dx$$
$$= \left[\dfrac{4}{3}\sqrt{x^3}\right]_0^1 + \left[\dfrac{2}{3}\sqrt{x^3} - \dfrac{4}{3}\sqrt{x^3} + 3x\right]_1^9 = 8$$

また，これを(2・3)式によってY軸との間に形成する面積として求めると

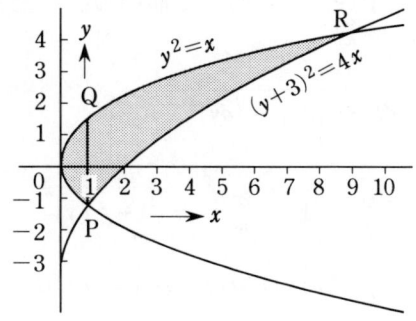

図2・12　二つの曲線によって形成される面積

$x = \dfrac{(y+3)^2}{4}$ なる曲線と $x = y^2$ なる曲線の間に形成される面積を $y = -1$ から $y = 3$ までについて求めることになり，

$$S = \int_{-1}^{3} \left\{ \dfrac{(y+3)^2}{4} - y^2 \right\} dy = \left[\dfrac{(y+3)^3}{12} - \dfrac{y^3}{3} \right]_{-1}^{3} = 8$$

となって，この場合はこの方が簡単に求められる．

2·2　曲線の長さの計算

既述したように曲線 $y = f(x)$ 上の任意の1点 $P(x, y)$ において，曲線の微小部分 dL をとり，微小直角三角形PQRについて考えると，**図2·13**に示したように

$$dL = \sqrt{(dx)^2 + (dy)^2}$$

$$\dfrac{dL}{dx} = \sqrt{1 + \left(\dfrac{dy}{dx}\right)^2} = \sqrt{1 + y'^2}$$

となる．従って，この曲線の $x = a$ から $x = b$ までの長さを L とすると

$$L = \int_a^b dL = \int_a^b \sqrt{1 + \left(\dfrac{dy}{dx}\right)^2}\, dx = \int_a^b \sqrt{1 + y'^2}\, dx \qquad (2·10)$$

として求めることができる．

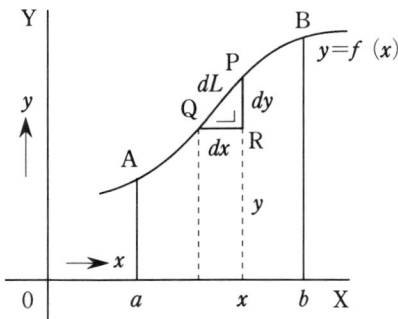

図2·13　直交座標による曲線長の計算

また，曲線が図2·14に示したように $x = f(y)$ で与えられたときは，前と同様に曲線上の1点 $P(x, y)$ において曲線の微小部分 dL をとり，微小直角三角形PQRについて考えると

$$dL = \sqrt{(dx)^2 + (dy)^2}$$

$$\dfrac{dL}{dy} = \sqrt{1 + \left(\dfrac{dx}{dy}\right)^2} = \sqrt{1 + f'(y)^2}$$

となるので，この曲線の $y = \alpha$ から $y = \beta$ までの長さ L は

$$L = \int_\alpha^\beta dL = \int_\alpha^\beta \sqrt{1 + \left(\dfrac{dx}{dy}\right)^2}\, dy = \int_\alpha^\beta \sqrt{1 + f'(y)^2}\, dy \qquad (2·11)$$

2・2 曲線の長さの計算

によって求められる.

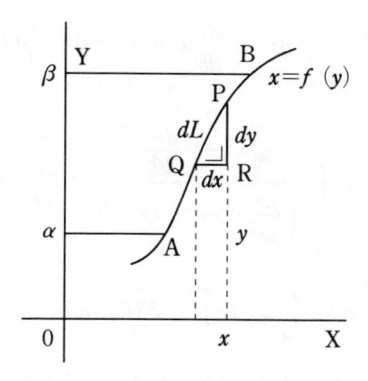

図2・14 Y軸について求める場合

媒介変数表示 次に，この曲線の方程式が**媒介変数表示**，すなわち $x=f(t)$, $y=g(t)$ で与えられたときは，これらの両辺を x および y についてそれぞれ微分すると

$$1 = \frac{df(t)}{dt} \cdot \frac{dt}{dx} = f'(t) \cdot \frac{dt}{dx} , \quad dx = f'(t)\, dt$$

$$1 = \frac{dg(t)}{dt} \cdot \frac{dt}{dy} = g'(t) \cdot \frac{dt}{dy} , \quad dy = g'(t)\, dt$$

曲線の長さ となるので，$[a, b]$ に対応する t の値を $[t_1, t_2]$ とすると，この区間での曲線の長さは

$$L = \int_a^b dL = \int_a^b \sqrt{(dx)^2 + (dy)^2}\, dx = \int_{t_1}^{t_2} \sqrt{f'(t)^2 + g'(t)^2}\, dt \tag{2・12}$$

によって求められる.

極方程式 さらに，この曲線が**極方程式** $r=f(\theta)$ で与えられたときは，1つの点の極座標 (r, θ) と直交座標 (x, y) の間には図2・15に示すように，$x=r\cos\theta$, $y=r\sin\theta$ なる関係があるので，

$$\frac{dx}{d\theta} = \frac{dr}{d\theta} \cdot \cos\theta - r\sin\theta$$

$$\frac{dy}{d\theta} = \frac{dr}{d\theta} \cdot \sin\theta + r\cos\theta$$

$$\frac{dy}{dx} = \frac{\dfrac{dr}{d\theta}\sin\theta + r\cos\theta}{\dfrac{dr}{d\theta}\cos\theta - r\sin\theta}$$

$$1 + \left(\frac{dy}{dx}\right)^2 = \frac{\left(\dfrac{dr}{d\theta}\right)^2 + r^2}{\left(\dfrac{dr}{d\theta}\cos\theta - r\sin\theta\right)^2}$$

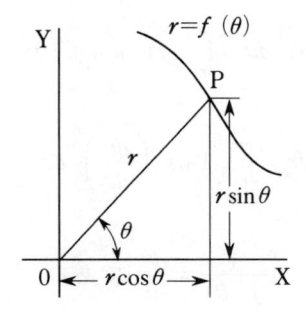

図2・15 極座標と直交座標

これを (2·10) 式の L の式に代入し，x の区間 $[a, b]$ に対応する θ の区間 $[\alpha, \beta]$ について曲線の長さを求めると，$dx = \left(\dfrac{dr}{d\theta}\cos\theta - r\sin\theta\right)d\theta$ になるので

$$L = \int_a^b \sqrt{1 + \left(\frac{dy}{dx}\right)^2}\,dx = \int_\alpha^\beta \frac{\sqrt{r^2 + \left(\dfrac{dr}{d\theta}\right)^2}}{\left(\dfrac{dr}{d\theta}\cos\theta - r\sin\theta\right)}\left(\frac{dr}{d\theta}\cos\theta - r\sin\theta\right)d\theta$$

$$= \int_\alpha^\beta \sqrt{r^2 + \left(\frac{dr}{d\theta}\right)^2}\,d\theta = \int_\alpha^\beta \sqrt{f(\theta)^2 + f'(\theta)^2}\,d\theta \tag{2·13}$$

というようになる．また，このことは図 2·16 のように極座標表示そのものから直接的に導くこともできる．

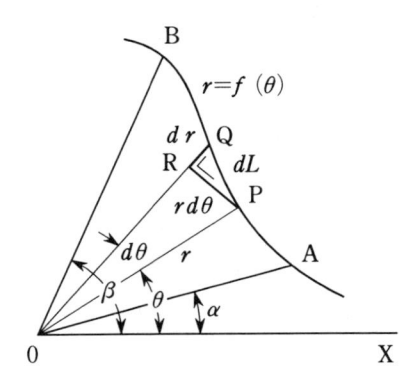

図 2·16 極座標での曲線長

極座標 すなわち，曲線が**極座標**によって $r = f(\theta)$ として与えられたとき，曲線上の P 点 (r, θ) に微小角 $d\theta$ をとり，曲線上の微小部分 dL に対し，直角三角形 PQR を考えると，PR は $rd\theta$ に等しく，QR は dr に等しいので

$$dL = PQ = \sqrt{QR^2 + PR^2} = \sqrt{(dr)^2 + (rd\theta)^2}$$

曲線の長さ これを $\theta = \alpha$ から $\theta = \beta$ まで積分して，この間の曲線の長さ L を求めると

$$L = \int_\alpha^\beta dL = \int_\alpha^\beta \sqrt{r^2 + \left(\frac{dr}{d\theta}\right)^2}\,d\theta = \int_\alpha^\beta \sqrt{f(\theta)^2 + f'(\theta)^2}\,d\theta$$

となって前の場合に一致する．

上記の $r = f(\theta)$ の両辺を r について微分すると

$$1 = \frac{df(\theta)}{d\theta}\cdot\frac{d\theta}{dr} = f'(\theta)\cdot\frac{d\theta}{dr}, \quad d\theta = \frac{1}{f'(\theta)}dr$$

になり，θ の変域 $[\alpha, \beta]$ に対応する r の変域を $[r_1, r_2]$ とすると，上式は r について次のようにも書ける．

$$L = \int_\alpha^\beta \sqrt{f(\theta)^2 + f'(\theta)^2}\,d\theta = \int_{r_1}^{r_2} \sqrt{f(\theta)^2 + f'(\theta)^2}\cdot\frac{1}{f'(\theta)}\,dr$$

$$= \int_{r_1}^{r_2} \sqrt{1 + \frac{f(\theta)^2}{f'(\theta)^2}}\,dr = \int_{r_1}^{r_2} \sqrt{1 + r^2\left(\frac{d\theta}{dr}\right)^2}\,dr \tag{2·14}$$

ただし，上記より $f(\theta) = r$，$\dfrac{1}{f'(\theta)} = \dfrac{d\theta}{dr}$ である．

空間曲線の長さ　さらに，直交座標 (x, y, z) であらわされた**空間曲線の長さ** L を求める一般式は

$$L = \int dL = \int \sqrt{(dx)^2 + (dy)^2 + (dz)^2}$$

となり，例えば，x を独立変数として空間曲線の方程式を $y = f(x)$，$z = g(x)$ とすると $x = a$ から $x = b$ までの長さ L は

$$L = \int_a^b \sqrt{1 + \left(\frac{dy}{dx}\right)^2 + \left(\frac{dz}{dx}\right)^2} dx = \int_a^b \sqrt{1 + f'(x)^2 + g'(x)^2} dx \tag{2・15}$$

によって求められる．

媒介変数　また，これが媒介変数であらわされ $x = f_1(t)$，$y = f_2(t)$，$z = f_3(t)$ であると，これらの両辺を x, y, z についてそれぞれ微分して，

$$dx = f_1'(t) dt, \quad dy = f_2'(t) dt, \quad dz = f_3'(t) dt,$$

をえて，これを L の最初の式に代入すると，x の変域 $[a, b]$ に対応する t の変域を $[t_2, t_1]$ とすると

$$L = \int_{t_1}^{t_2} \sqrt{f_1'(t)^2 + f_2'(t)^2 + f_3'(t)^2} dt \tag{2・16}$$

によって空間曲線の長さが求められる．

極座標　なお，空間曲線の方程式が極座標，すなわち $r = r(t)$，$\theta = \theta(t)$，$\varphi = \varphi(t)$ によって与えられたとき，dr と $rd\theta$，$r\sin\theta d\phi$ の合成となり，また $dr = r'(t) dt$，$d\theta = \theta'(t) dt$，$d\varphi = \varphi'(t) dt$ の関係があるので

$$\begin{aligned}L &= \int_{t_1}^{t_2} \sqrt{(dr)^2 + (rd\theta)^2 + (r\sin\theta d\phi)^2} \\ &= \int_{t_1}^{t_2} \sqrt{r'(t)^2 + r^2\theta'(t)^2 + r^2\sin\theta\varphi'(t)^2} dt \\ &= \int_{t_1}^{t_2} \sqrt{\left(\frac{dr}{dt}\right)^2 + r^2\left(\frac{d\theta}{dt}\right)^2 + r^2\sin^2\theta\left(\frac{d\varphi}{dt}\right)^2} dt \end{aligned} \tag{2・17}$$

によって空間での曲線長が求められる．

次に若干の例題をかかげて上述の補習としよう．

円周長　〔例1〕　円 $x^2 + y^2 = r^2$ の円周長を求める．

(2・10) 式を用いるために，円の方程式の両辺を x について微分すると

$$2x + 2y\frac{dy}{dx} = 0, \quad \frac{dy}{dx} = -\frac{x}{y}$$

$$1 + \left(\frac{dy}{dx}\right)^2 = 1 + \frac{x^2}{y^2} = \frac{r^2}{y^2} = \frac{r^2}{r^2 - x^2}$$

そこで図 2・17 に示すように $x = 0$ から $x = r$ までの 1/4 円周について求めて 4 倍すると

$$\begin{aligned}L &= 4r \int_0^r \frac{1}{\sqrt{r^2 - x^2}} dx \\ &= 4r \left[\sin^{-1}\frac{x}{r}\right]_0^r = 2\pi r\end{aligned}$$

2 定積分の応用一般

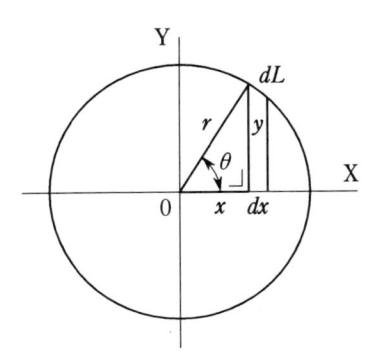

図2·17 円周長

媒介変数表示 　また，円の方程式が媒介変数表示によって，$x=r\cos\theta$, $y=r\sin\theta$ で与えられるときは $(2\cdot12)$ 式で

$$f'(t)=\frac{dx}{d\theta}=-r\sin\theta, \quad g'(t)=\frac{dy}{d\theta}=r\cos\theta$$

$$f'(t)^2+g'(t)^2=r^2(\sin^2\theta+\cos^2\theta)=r^2$$

$$L=\int_0^{2\pi}r d\theta=r[\theta]_0^{2\pi}=2\pi r$$

極座標 　さらに極座標によって与えられたとき $(2\cdot13)$ 式で，r は θ にかかわらず一定だから $dr/d\theta=0$ になり上式と同じことになる．

楕円 　また楕円の場合は媒介変数表示 $x=a\cos\theta$, $y=b\sin\theta$，ただし $b>a$ であらわすと，その全周の長さは，$(2\cdot12)$ 式より

$$L=\int_0^{2\pi}\sqrt{\left(\frac{dx}{d\theta}\right)^2+\left(\frac{dy}{d\theta}\right)^2}d\theta=\int_0^{2\pi}\sqrt{a^2\sin^2\theta+b^2\cos^2\theta}\,d\theta$$

$$=\int_0^{2\pi}\sqrt{a^2-(a^2-b^2)\cos^2\theta}\,d\theta=a\int_0^{2\pi}\sqrt{1-e^2\cos^2\theta}\,d\theta$$

離心率 　ただし $e=\sqrt{a^2-b^2}/a$ は**離心率** $e<1$

これを $\theta=0$ から $\theta=\pi/2$ の $1/4$ 周について求めて4倍すると

$$L=4a\int_0^{\frac{\pi}{2}}\sqrt{1-e^2\cos^2\theta}\,d\theta$$

第2種の完全楕円積分 　となるが，この積分は**第2種の完全楕円積分**であって初等関数によって書きあらわされないので，その略近値を求めるために根号内を級数に展開すると

$$(1-e^2\cos^2\theta)^{\frac{1}{2}}=1-\frac{1}{2}e^2\cos^2\theta+\frac{\frac{1}{2}\left(\frac{1}{2}-1\right)}{2}e^4\cos^4\theta-\cdots$$

$$\therefore L=4a\int_0^{\frac{\pi}{2}}\left(1-\frac{1}{2}e^2\cos^2\theta-\frac{1}{8}e^4\cos^4\theta-\cdots\right)d\theta$$

$$=2\pi a\left(1-\frac{1}{4}e^2-\frac{3}{64}e^4\cdots\cdots\right)$$

というように求められる．

カージオイド曲線 　〔例2〕 　カージオイド（Cardioid；心臓形）曲線 $r=a(1+\cos\theta)$, $a>0$ の全周を求める．

2・2 曲線の長さの計算

この曲線は図2・18に示すように,上半分すなわち $\theta=0$ から $\theta=\pi$ までの部分について求めて2倍すればよい.さて,(2・13)式を用いると $f(\theta)=a(1+\cos\theta)$ であり $f'(\theta)=-a\sin\theta$ になり

$$L = 2\int_0^\pi \sqrt{a^2(1+\cos\theta)^2 + a^2\sin^2\theta}\,d\theta$$
$$= 2a\int_0^\pi \sqrt{2(1+\cos\theta)}\,d\theta = 2a\int_0^\pi 2\cos\frac{\theta}{2}\,d\theta$$
$$= 4a\left[2\sin\frac{\theta}{2}\right]_0^\pi = 8a$$

ただし,三角学の公式 $\cos\dfrac{\theta}{2}=\pm\sqrt{\dfrac{1+\cos\theta}{2}}$ を用いた.

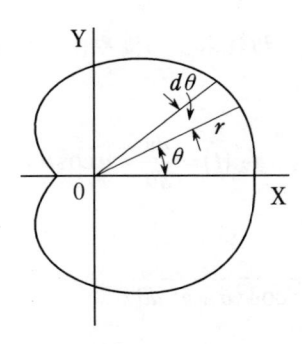

図2・18 カージオイドの周長

サイクロイド曲線

〔例3〕 サイクロイド曲線(図2・11を参照) $x=a(\theta-\sin\theta),\ y=a(1-\cos\theta)$ の1区間の曲線の長さを求める.

(2・12)式を用い, $f'(t)=\dfrac{dx}{d\theta}=a(1-\cos\theta),\quad g'(t)=\dfrac{dy}{d\theta}=a\sin\theta$

$$L = \int_0^{2\pi}\sqrt{a^2(1-\cos\theta)^2 + a^2\sin^2\theta}\,d\theta = a\int_0^{2\pi}\sqrt{2(1-\cos\theta)}\,d\theta$$
$$= 2a\int_0^{2\pi}\sin\frac{\theta}{2}\,d\theta = -4a\left[\cos\frac{\theta}{2}\right]_0^{2\pi} = 8a$$

ただし,三角学の公式 $\sin\dfrac{\theta}{2}=\pm\sqrt{\dfrac{1-\cos\theta}{2}}$ を用いた.

星形曲線

〔例4〕 星形曲線 $x^{\frac{2}{3}}+y^{\frac{2}{3}}=a^{\frac{2}{3}}$ の全周の長さを求める.——この曲線を媒介変数表示であらわすと,$x=a\cos^3\theta,\ y=a\sin^3\theta$ になる——

この曲線は図2・19に示すように,$x=0$ から $x=a$ までの1/4周を求めて4倍すればよい.さて(2・10)式を用いるために,原方程式の両辺を x について微分すると

$$\frac{2}{3}x^{-\frac{1}{3}} + \frac{2}{3}y^{-\frac{1}{3}}\frac{dy}{dx} = 0$$

$$\frac{dy}{dx} = -\left(\frac{y}{x}\right)^{\frac{1}{3}},\quad 1+\left(\frac{dy}{dx}\right)^2 = 1+\left(\frac{y}{x}\right)^{\frac{2}{3}} = \left(\frac{a}{x}\right)^{\frac{2}{3}}$$

$$\therefore\ L = 4\int_0^a \left(\frac{a}{x}\right)^{\frac{1}{3}}dx = 6a^{\frac{1}{3}}\left[x^{\frac{2}{3}}\right]_0^a = 6a$$

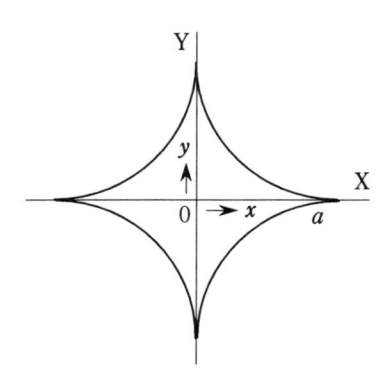

図 2·19 星形曲線の周長

ら線

〔例 5〕 空間曲線としてのら線 $x = a\cos\theta$, $y = a\sin\theta$, $z = b\theta$ の $\theta = \theta_1$ から $\theta = \theta_2$ までの曲線長を求める．

つるまき線

この曲線は**つるまき線**ともいわれネジの溝や山を作る曲線の1種である．さて (2·16) 式において

$$f_1'(t) = \frac{dx}{d\theta} = -a\sin\theta, \quad f_2'(t) = \frac{dy}{d\theta} = a\cos\theta, \quad f_3'(t) = \frac{dz}{d\theta} = b$$

となるので

$$L = \int_{\theta_1}^{\theta_2} \sqrt{a^2\sin^2\theta + a^2\cos^2\theta + b^2}\, d\theta$$

$$= \int_{\theta_1}^{\theta_2} \sqrt{a^2 + b^2}\, d\theta = \sqrt{a^2 + b^2}\, [\theta]_{\theta_1}^{\theta_2} = \sqrt{a^2 + b^2}\,(\theta_2 - \theta_1)$$

2·3 立体，回転体の体積の計算

体積を求める計算

一般に体積を求める計算には二重積分を用いるが，ここでは単一積分によって求められる場合について説明することにしよう．さて，図 2·20 に示したように底面が直交2軸のY軸上におかれた立体をX軸に垂直な — Y軸に平行な — 無数の平面で切ったとき，その断面積が x の一つの関数 $f(x)$ で示されるなら，これらの面積を x のある区間 $[a, b]$ について積分すると，それがこの立体の区間 $[a, b]$ での体積になるので，その体積 V は

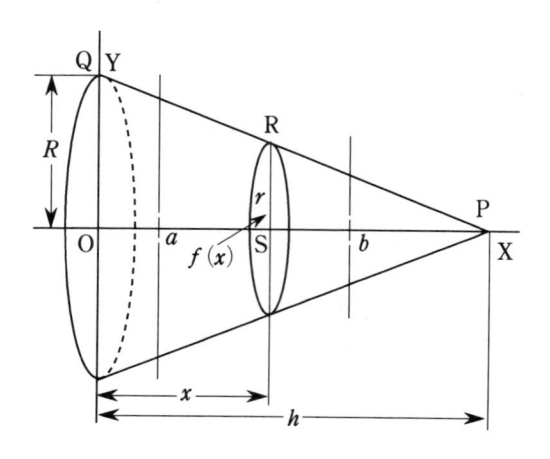

図 2·20 立体の体積

2・3 立体，回転体の体積の計算

$$V = \int_a^b f(x)dx \tag{2・18}$$

によって求められる．例えば，この立体が直円錐であって底の半径がR，その高さがhであるとし，その全体積を求めるには，xの変域を$[0, h]$として求めればよい．

今，O点からxなる点の断面積を考えると，図で△POQと△PSRは相似三角形になり対応辺は互いに比例するので，SR$=r$として

$$\text{PO} : \text{PS} = \text{OQ} : \text{SR}, \quad h : (h-x) = R : r, \quad r = R\frac{h-x}{h}$$

その断面積　$f(x) = \pi r^2 = \pi R^2 \frac{(h-x)^2}{h^2}$

となり，全体積Vはこの$f(x)$を$x=0$から$x=h$まで積分したものになるので

$$V = \int_0^h \pi R^2 \frac{(h-x)^2}{h^2} dx = \frac{\pi R^2}{h^2} \int_0^h (h-x)^2 dx = \frac{1}{3}\pi R^2 h$$

ただし，$\int (h-x)^2 dx = \int h^2 dx - \int 2hx dx + \int x^2 dx = h^2 x - hx^2 + \frac{x^3}{3}$

このxにhを入れると$h^3/3$になる．

次に，図2・21に示したように一つの平面曲線ABがある1直線OXを軸として360°
回転面 回転し，再びもとの位置にもどったとき，曲線ABが画く面を**回転面**と云い，回転面
回転体 にかこまれた立体を**回転体**という．なお，ABを**母線**，OXを**回転軸**と称する．
母線
回転軸

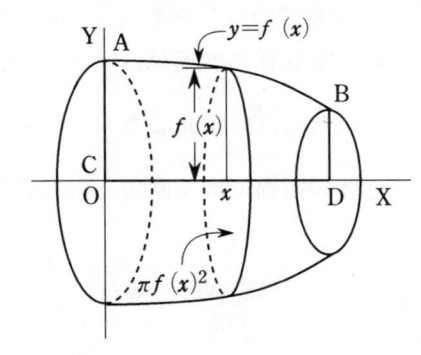

図2・21　回転体の体積

直円錐　例えば前図の直円錐は直角三角形がその直角をはさむ1辺を軸として1回転したときにできる立体であって，軸とした辺の長さを**直円錐の高さ**，直角をはさむ他の辺が画く円を**底面**，回転する直角三角形の斜辺を**母線**，母線の長さを**斜高**，母線がえがく曲面を**側面**，底面上にない軸の端を**頂点**といい，一つの母線と軸のなす角の2倍を**頂角**という．この図2・21において，母線ABがxの関数として$y=f(x)$があらわされると，$x=x$なる点の断面積は$\pi f(x)^2$になるので，区間$[a, b]$での回転体の体積Vは
回転体の体積

$$V = \pi \int_a^b f(x)^2 dx = \pi \int_a^b y^2 dx \tag{2・19}$$

によって求められる．

同様に$x=f(y)$なる曲線をY軸を回転軸として回転したとき，X軸に平行な2平面$y=\alpha$, $y=\beta$の間にはさまれた回転体の体積Vは

$$V = \pi \int_\alpha^\beta f(y)^2 dy = \pi \int_\alpha^\beta x^2 dy \tag{2・20}$$

2 定積分の応用一般

によって求められる．

注：回転体を形成する回転図形が媒介変数表示または極座標表示で与えられたときの体積は，それらを直交座標表示に直して上諸式によって計算することができるが，そのままの形でも求められる．しかし考え方がやや複雑となるのと紙幅がないので，ここでは言及しないことにした．

次に例題をかかげて上記を補説しよう．

円柱切片 〔例 1〕　**直円柱** ── 長方形がその 1 辺を軸として 1 回転したときに生ずる立体 ── を図 2·22 に示すように，その底面の直径を通る平面でななめに切って作られた立体を**円柱切片**という．この底面の半径を r，高さを h としたとき，その体積を求める．

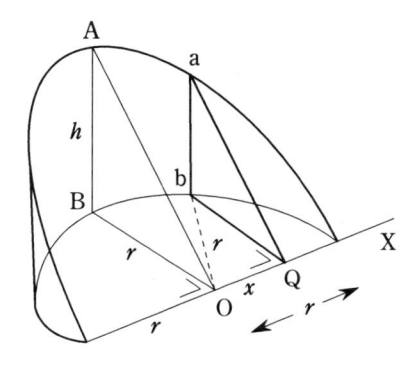

図 2·22　円柱切片の体積

図のように直径の方向に X 軸をとり，底面（半円）の中心を O 点とすると，図から明らかなように，x が O から r までの積分をとって 2 倍すると円柱切片の体積になる．今，任意の x，$OQ = x$ に対する立体の断面は直角三角形 Qba であって，その断面積は $\frac{1}{2}$Qb × ab であり，Qb は直角三角形 OQb より Qb $= \sqrt{r^2 - x^2}$ になる．また，この直角三角形 Qba は原点での立体の断面である直角三角形 OBA と相似形であるから対応辺は互いに比例して

$$\text{ab} : \text{AB} = \text{Qb} : \text{OB}, \quad \text{ab} = \frac{\text{AB} \times \text{Qb}}{\text{OB}} = \frac{h\sqrt{r^2 - x^2}}{r}$$

断面積（△Qba の面積）　$\frac{1}{2}\sqrt{r^2 - x^2} \times \frac{h\sqrt{r^2 - x^2}}{r} = \frac{h}{2r}(r^2 - x^2)$

故に求める円柱切片の体積は $(2\cdot 18)$ 式より

$$V = 2\int_0^r \frac{h}{2r}(r^2 - x^2)dx = \frac{h}{r}\left[r^2 x - \frac{x^3}{3}\right]_0^r = \frac{2}{3}hr^2$$

回転放物線体 〔例 2〕　放物線 $y^2 = 4ax$ が図 2·23 に示すように X 軸を回転軸として回転して生ずる**回転放物線体**の体積を $x = h$ まで求める．

任意の x での断面積は πy^2 となり，$x = h$ までの体積は $(2\cdot 19)$ 式より，

$$V = \pi \int_0^h y^2 dx = \pi \int_0^h 4ax\,dx = 4\pi a \int_0^h x\,dx = 4\pi a\left[\frac{x^2}{2}\right]_0^h = 2\pi a h^2$$

2·3 立体，回転体の体積の計算

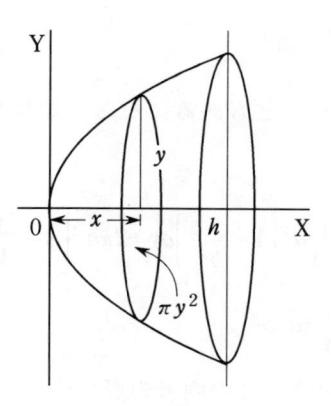

図2·23 回転放物線体の体積

〔例 3〕 正弦曲線 $y = \sin x$ がX軸を回転軸として回転したときに生ずる立体の体積を $x = 0$ から $x = \pi$ 間について求める．

直ちに，(2·19) 式を用いると

$$V = \pi \int_0^\pi \sin^2 x \, dx = \frac{\pi}{2} \int_0^\pi (1 - \cos 2x) dx$$
$$= \frac{\pi}{2} \left[x - \frac{1}{2} \sin 2x \right]_0^\pi = \frac{\pi^2}{2}$$

球体の体積

〔例 4〕 半径が r である球体の体積を求める．

図2·24に示したように，半円 $x^2 + y^2 = r^2$ がその直径を軸として1回転したときに画く立体が球であって，図のように断面をとって $x = 0$ から $x = r$ までの右半球について体積を求めて，それを2倍すればよい —— 2倍する代わりに $x = +r$ から $x = -r$ までとってもよいが，r を代入するときに誤算するおそれがある ——．

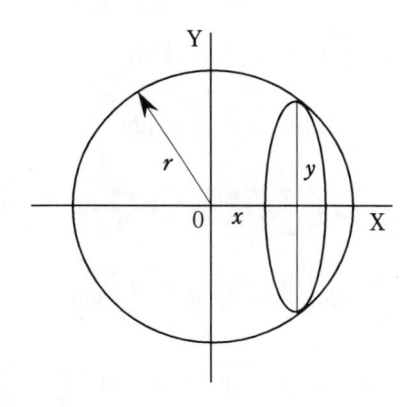

図2·24 球体の体積

(2·20) 式を用いて

$$V = 2\pi \int_0^r (r^2 - x^2) dx = 2\pi \left[r^2 x - \frac{x^3}{3} \right]_0^r$$
$$= 2\pi \times \frac{2r^3}{3} = \frac{4\pi r^3}{3}$$

また，楕円 $\dfrac{x^2}{a^2} + \dfrac{y^2}{b^2} = 1$ が長軸を回転軸として回転したとき生ずる立体の体積は

$$V_L = 2\pi \int_0^a y^2 dx = 2\pi \int_0^a b^2 \left(1 - \frac{x^2}{a^2} \right) dx = 2\pi b^2 \left[x - \frac{x^3}{3a} \right]_0^a$$

―41―

長回転楕円体 ┃ $$= 2\pi b^2 \times \frac{2a}{3} = \frac{4}{3}\pi ab^2$$

これを**長回転楕円体**ということもある．なお，短軸を回転軸としたときに生ずる立体の体積は

$$V_S = 2\pi \int_0^b x^2 dy = 2\pi \int_0^b a^2\left(1 - \frac{y^2}{b^2}\right)dy = 2\pi a^2\left[y - \frac{y^3}{3b^2}\right]_0^b$$

$$= 2\pi a^2 \times \frac{2b}{3} = \frac{4}{3}\pi a^2 b$$

短回転楕円体 ┃ これを**短回転楕円体**ともいう．この両者の形も体積もちがうことに注目されたい．

〔例 5〕 ビール樽の側面を図 2·25 で示したような円弧，すなわち $(x+a)^2 + y^2 = r^2$ とみなしたとき，y が $+h$ から $-h$ までの体積を求める．

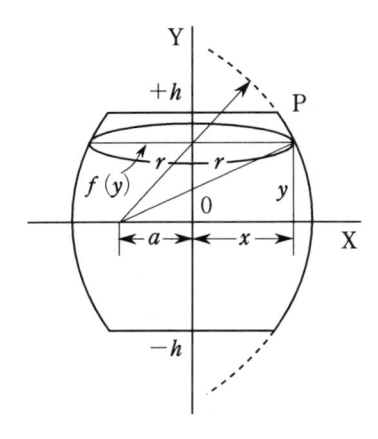

ビール樽の体積 ┃ 図 2·25　ビール樽の体積

y が 0 から h までの体積を求めて 2 倍すればよく，$(2·20)$ 式を用いると

$$V = 2\pi \int_0^h x^2 dy = 2\pi \int_0^h \left(\sqrt{r^2 - y^2} - a\right)^2 dy$$

$$= 2\pi \int_0^h \left(r^2 - y^2 - 2a\sqrt{r^2 - y^2} + a^2\right) dy$$

$$= 2\pi \left[r^2 y - \frac{y^3}{3} - 2a\left(\frac{y}{2}\sqrt{r^2 - y^2} + \frac{r^2}{2}\sin^{-1}\frac{y}{r}\right) + a^2 y\right]_0^h$$

$$= 2\pi \left\{r^2 h - \frac{h^3}{3} - 2a\left(\frac{h}{2}\sqrt{r^2 - h^2} + \frac{r^2}{2}\sin^{-1}\frac{h}{r} + a^2 h\right)\right\}$$

$$= 2\pi \left\{(a^2 + r^2)h - ah\sqrt{r^2 - y^2} - ar^2 \sin^{-1}\frac{h}{r} - \frac{h^3}{3}\right\}$$

というように求められる．

2·4　立体，回転体の表面積の計算

2·3 と同様に図 2·26 は中心を X 軸においた立体を示した．この立体で任意の x の値に対応する y の値が x の関数 $y = f(x)$ で与えられるものとする．今，立体の表面上に図のように dx をとったとき，この斜線をほどこした**微小円帯**の面積は図から明ら

かなように

$$\lim_{\Delta x \to 0} \frac{2\pi y + 2\pi(y+\Delta y)}{2} \times \Delta L = 2\pi y dL = 2\pi y \sqrt{(dx)^2 + (dy)^2}$$

ただし，ΔL はPQ間の長さであり，$(x+\Delta x)$ に対応する y の値を $(y+\Delta y)$ とした．

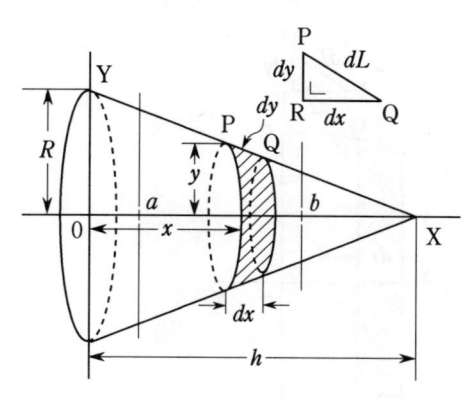

図2・26 立体の表面積

立体の表面積　になり，x の区間 $[a, b]$ でのこの立体の表面積 S は，この微小円帯を $x=a$ から $x=b$ まで積分したものになり

$$S = \int_a^b 2\pi y\sqrt{(dx)^2 + (dy)^2} = 2\pi \int_a^b y\sqrt{1+\left(\frac{dy}{dx}\right)^2}dx$$
$$= 2\pi \int_a^b f(x)\sqrt{1+f'(x)^2}dx \tag{2・21}$$

によって求められる．

直円錐　この立体が底面の半径が R，高さが h である**直円錐**とすると，全表面積（側面の面積）は上式で $x=0$ から $x=h$ までを積分したものになる．

さて，前の図2・20の説明から明らかなように

$$y = R\frac{h-x}{h} = R\left(1-\frac{x}{h}\right), \quad \frac{dy}{dx} = -\frac{R}{h}$$

となるので，全表面積 S は

$$S = 2\pi\int_0^h R\left(1-\frac{x}{h}\right)\sqrt{1+\left(-\frac{R}{h}\right)^2}dx$$
$$= \frac{2\pi R}{h}\sqrt{R^2+h^2}\int_0^h\left(1-\frac{x}{h}\right)dx = \frac{2\pi R}{h}\sqrt{R^2+h^2}\left[x-\frac{x^2}{2h}\right]_0^h$$
$$= \frac{2\pi R}{h}\sqrt{R^2+h^2}\times\frac{h}{2} = \pi R\sqrt{R^2+h^2}$$

というように求められる．

また，図2・27に示したように，一つの平面曲線ABが $y=f(x)$ で与えられたとき，これがX軸を回転軸として1回転して生じる回転体の区間 $[a, b]$ における表面積は，前と同様に回転体の表面上に幅 dx の斜線をほどこした微小円帯をとると，$\Delta x \to 0$ の dx では弧PQは直線PQになり $PQ = \sqrt{(dx)^2+(dy)^2}$ になって，その面積は前と同様に $2\pi y dL = 2\pi y\sqrt{(dx)^2+(dy)^2}$ になるので，これを $x=a$ から $x=b$ まで積分した前記の (2・21) 式によって求めることができる．同様に曲線 $x=f(y)$ をY軸のまわりに回転

して生ずる回転体の区間 $[\alpha, \beta]$ における表面積 S は

$$S = 2\pi \int_\alpha^\beta x\sqrt{1+\left(\frac{dx}{dy}\right)^2}\,dy = 2\pi \int_\alpha^\beta f(y)\sqrt{1+f'(y)}\,dy \tag{2.22}$$

によって計算できる．

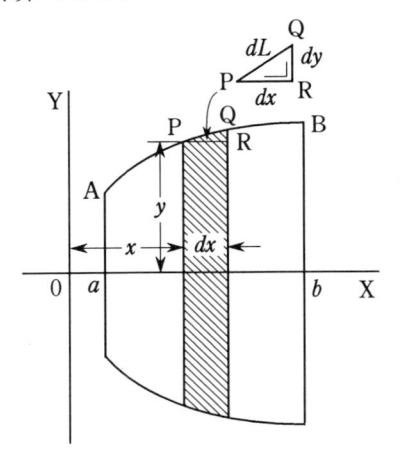

回転体の表面積

図2・27　回転体の表面積

また，x と y の関係が**媒介変数表示**，すなわち，$x = f(t)$, $y = g(t)$ で与えられたときは直交座標系に直して上式によって計算できるが，そのままの形で行うには，x の区間 $[a, b]$ に対応する t の区間を $[t_1, t_2]$ とし，$x = f(t)$ および $y = g(t)$ の両辺をそれぞれ x および y について微分すると

$$1 = f'(t)\frac{dt}{dx}, \quad dx = f'(t)\,dt$$

$$1 = g'(t)\frac{dt}{dy}, \quad dy = g'(t)\,dt$$

となるので，立体または回転体の表面積 S は

$$S = 2\pi \int_a^b y\sqrt{(dx)^2 + (dy)^2} = 2\pi \int_{t_1}^{t_2} g(t)\sqrt{f'(t)^2 + g'(t)^2}\,dt \tag{2.23}$$

になる．これは X 軸を回転軸とした場合であるが，Y 軸を回転軸としたときは，y の区間 $[\alpha, \beta]$ に対応する t の区間をを $[t', t'']$ とすると

$$S = 2\pi \int_\alpha^\beta x\sqrt{(dx)^2 + (dy)^2} = 2\pi \int_{t'}^{t''} f(t)\sqrt{f'(t)^2 + g'(t)^2}\,dt \tag{2.24}$$

によって求められる．なお，母線としての曲線が極座標によって与えられた場所については，次の〔例5〕で説明しよう．次に実例をあげて上の諸式の運用を示そう．

> 注：回転体の表面積は一般に二重積分を用いるが，この場合も前項と同様に単一積分による場合を示した．

球の表面積

〔例1〕　半径 r の球の表面積を求める．

図2・28では球の中心を直交座標の原点においた場合を示したが，任意の x に対する y の値は

$$x^2 + y^2 = r^2 \text{ より，} \quad y = \sqrt{r^2 - x^2} \text{ となり}$$

$$\frac{dy}{dx} = f'(x) = \frac{d(r^2 - x^2)^{\frac{1}{2}}}{d(r^2 - x^2)}\frac{d(r^2 - x^2)}{dx} = -\frac{x}{\sqrt{r^2 - x^2}}$$

2・4 立体，回転体の表面積の計算

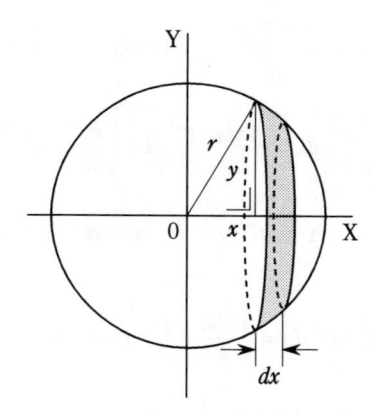

図2・28 球の表面積

(2・21)式を用いると，Sはxの区間を$[0, r]$として，その2倍をとればよく

$$S = 4\pi \int_0^r \sqrt{r^2-x^2}\sqrt{1+\left(-\frac{x}{\sqrt{r^2+x^2}}\right)^2}\,dx$$

$$= 4\pi \int_0^r \sqrt{r^2-x^2}\cdot\frac{1}{\sqrt{r^2-x^2}}\sqrt{r^2-x^2+x^2}\,dx$$

$$= 4\pi r\int_0^r dx = 4\pi r[x]_0^r = 4\pi r^2$$

この場合，**媒介変数表示**で$x = r\cos\theta$, $y = r\sin\theta$で与えられたとすると，$f'(t) = -r\sin\theta$, $g'(t) = r\cos\theta$となり，θの変域を$[0, \pi]$とすればよい．

従って(2・23)式より

$$S = 2\pi\int_0^\pi r\sin\theta\cdot\sqrt{(-r\sin\theta)^2+(r\cos\theta)^2}\,d\theta$$

$$= 2\pi r^2\int_0^\pi \sin\theta\,d\theta = 2\pi r^2[-\cos\theta]_0^\pi = 4\pi r^2$$

ただし，変域を$[0, \pi/2]$とすると半球の表面積になり，これを2倍せねばならない．

長回転楕円体の表面積

次に，やや計算が複雑になるが**長回転楕円体の表面積**を求めてみよう．楕円の方程式$(x^2/a^2)+(y^2/b^2)=1$より，

$$y^2 = b^2\left(1-\frac{x^2}{a^2}\right) = b^2 - \frac{b^2x^2}{a^2}$$

$$y' = \frac{dy}{dx} = -\frac{b^2x}{a^2\sqrt{b^2-\frac{b^2x^2}{a^2}}}$$

$$(yy')^2 = y^2 y'^2 = \left(b^2-\frac{b^2x^2}{a^2}\right)\left\{\frac{b^4x^2}{a^4\left(b^2-\frac{b^2x^2}{a^2}\right)}\right\} = \frac{b^4x^2}{a^4}$$

となる一方，(2・21)式においてxの変域を$[0, a]$として積分すると，全表面積Sはその2倍になり

$$S = 4\pi\int_0^a y\sqrt{1+y'^2}\,dx = 4\pi\int_0^a \sqrt{y^2+(yy')^2}\,dx$$

$$= 4\pi\int_0^a \sqrt{\left(b^2-\frac{b^2x^2}{a^2}\right)+\frac{b^4x^2}{a^4}}\,dx = 4\pi b\int_0^a \sqrt{1-\frac{x^2}{a^2}\left(1-\frac{b^2}{a^2}\right)}\,dx$$

これに楕円の離心率 $e = \dfrac{\sqrt{a^2-b^2}}{a}$ を用いると $e^2 = \dfrac{a^2-b^2}{a^2}$ となり上式は

$$= 4\pi b \int_0^a \sqrt{1-\dfrac{e^2x^2}{a^2}}\,dx = \dfrac{4\pi ba}{e}\int_0^a \sqrt{1-\left(\dfrac{ex}{a}\right)^2}\,d\left(\dfrac{ex}{a}\right)$$

ここで $\dfrac{ex}{a} = z$ とおくと，$x=0$ で $z=0$，$x=a$ で $z=e$ になるので

$$S = \dfrac{4\pi ba}{e}\int_0^e \sqrt{1-z^2}\,dz = \dfrac{4\pi ba}{e}\left[\dfrac{z}{2}\sqrt{1-z^2}+\dfrac{1}{2}\sin^{-1}z\right]_0^e$$

$$= 2\pi ab\left(\sqrt{1-e^2}+\dfrac{1}{e}\sin^{-1}e\right)$$

ただし，$\int \sqrt{1-z^2}\,dz$ は前に示した $\int \sqrt{a^2-x^2}\,dx$ で $a=1$ とおけばよい．

短回転楕円体の表面積　また，**短回転楕円体の表面積**は，上記の y を x に，a を b におきかえ $(2\cdot 22)$ 式を用い，区間 $[b, 0]$ について積分を行い 2 倍すればよいので

$$S = 4\pi \int_0^b x\sqrt{1+x'^2}\,dy = 4\pi \int_0^b \sqrt{x^2+(xx')^2}\,dy$$

となるが，前と同様に楕円の方程式より

$$x^2 = a^2 - \dfrac{a^2 y^2}{b^2},\quad x' = -\dfrac{a^2 y}{b^2\sqrt{a^2-\dfrac{a^2 y^2}{b^2}}},\quad (xx')^2 = \dfrac{a^4 y^2}{b^4}$$

$$S = 4\pi \int_0^b \sqrt{a^2 - \dfrac{a^2 y^2}{b^2} + \dfrac{a^4 y^2}{b^4}}\,dy = 4\pi a \int_0^b \sqrt{1+\dfrac{y^2}{b^2}\left(\dfrac{a^2-b^2}{b^2}\right)}\,dy$$

$$= 4\pi a \int_0^b \sqrt{1+\left(\dfrac{aey}{b^2}\right)^2}\,dy = 4\pi a \times \dfrac{b^2}{ae}\int_0^b \sqrt{1+\left(\dfrac{aey}{b^2}\right)^2}\,d\left(\dfrac{aey}{b^2}\right)$$

$$= \dfrac{4\pi b^2}{e}\int_0^{\frac{ae}{b}} \sqrt{1+z^2}\,dz = \dfrac{4\pi b^2}{e}\left[\dfrac{z}{2}\sqrt{1+z^2}+\dfrac{1}{2}\log\left(z+\sqrt{1+z^2}\right)\right]_0^{\frac{ae}{b}}$$

$$= 2\pi\left\{a^2+\dfrac{b^2}{e}\log\dfrac{a(1+e)}{b}\right\}$$

ただし，$\int \sqrt{1-z^2}\,dz$ は前に示した $\int \sqrt{a^2-x^2}\,dx$ で $a=1$ とおいたものになる．

球帯の表面積　〔例 2〕　図 $2\cdot 29$ において x の変域が $[+a, -a]$ である**球帯の表面積**を求める．

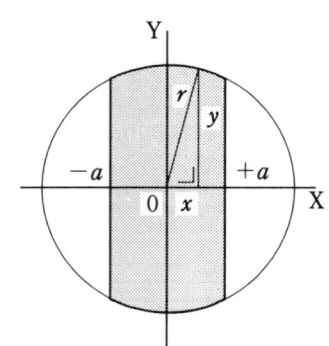

図 $2\cdot 29$　球帯の表面積

図から明らかなように

2・4 立体，回転体の表面積の計算

$$y = \sqrt{r^2 - x^2}$$

$$y' = \frac{dy}{dx} = -\frac{x}{\sqrt{r^2 - x^2}}$$

となるので（2・21）式によってxの変域が〔$+a$, $-a$〕における球帯の表面積Sは

$$S = 2\pi \int_{-a}^{+a} y\sqrt{1+y'^2}\,dx = 2\pi \int_{-a}^{+a} \sqrt{r^2-x^2}\sqrt{1+\left(\frac{-x}{\sqrt{r^2-x^2}}\right)^2}\,dx$$

$$= 2\pi \int_{-a}^{+a} r\,dx = 2\pi r[x]_{-a}^{+a} = 2\pi r \times 2a = 4\pi ra$$

放物線 〔例3〕 放物線$y^2 = 4px$がX軸のまわりに回転して生ずる回転体の表面積を$x=0$から$x=a$の間について求める．

放物線の方程式より $y = 2\sqrt{px}$, $y' = \dfrac{dy}{dx} = \sqrt{\dfrac{p}{x}}$ となるので，これを（2・21）式に用いると

$$S = 2\pi \int_0^a y\sqrt{1+y'^2}\,dx = 2\pi \int_0^a 2\sqrt{px}\sqrt{1+\frac{p}{x}}\,dx$$

$$= 4\pi\sqrt{p} \int_0^a \sqrt{p+x}\,dx = 4\pi\sqrt{p} \left[\frac{2}{3}(p+x)^{\frac{3}{2}}\right]_0^a$$

$$= \frac{8}{3}\pi\sqrt{p}\left\{(a+p)^{\frac{3}{2}} - p^{\frac{3}{2}}\right\}$$

ただし，$\int (a+x)^{\frac{1}{2}}dx$ は $a+x = z$ とおき，この両辺をxについて微分すると

$$1 = \frac{dz}{dx} \text{ より } dx = dz \text{ になり}$$

$$\int (a+x)^{\frac{1}{2}}dx = \int z^{\frac{1}{2}}dz = \frac{2}{3}z^{\frac{3}{2}} = \frac{2}{3}(a+x)^{\frac{3}{2}}$$

星形曲線 〔例4〕 星形曲線（図2・19を参照）$x = a\cos^3\theta$, $y = a\sin^3\theta$がX軸を回転軸として回転したときに生ずる回転体の表面積を求める．

図2・19のところで示したように，これを直交座標に書きかえて $x^{\frac{2}{3}} + y^{\frac{2}{3}} = a^{\frac{2}{3}}$ としても求められるが，ここでは媒介変数表示のまま（2・24）式を用いて区間〔0, π〕について積分して表面積を求めてみよう．さてこの場合の

$$f'(t) \to \frac{dx}{d\theta} = -3a\cos^2\theta\sin\theta$$

$$g'(t) \to \frac{dy}{d\theta} = 3a\sin^2\theta\cos\theta$$

$$\sqrt{f'(t)^2 + g'(t)^2} = 3a\cos\theta\sin\theta\sqrt{\cos^2\theta + \sin^2\theta} = 3a\cos\theta\sin\theta$$

—47—

となるので

$$S = 2\pi \int_0^\pi a\cos^3\theta \times 3a\cos\theta\sin\theta d\theta = 6\pi a^2 \int_0^\pi \cos^4\theta\sin\theta d\theta$$

$$= 6\pi a^2 \left[-\frac{1}{5}\cos^5\theta \right]_0^\pi = 6\pi a^2 \times \frac{2}{5} = \frac{12}{5}\pi a^2$$

ただし，$I = \int \cos^4\theta\sin\theta d\theta$ に部分積分法を用い，$f(x) \to \cos^4\theta \quad g'(x) \to \sin\theta$ とおくと，

$$f'(x) = -4\cos^3\theta\sin\theta, \quad g(x) = -\cos\theta \quad \text{となるので}$$

$$I = \cos^4\theta(-\cos\theta) - \int(-4\cos^3\theta\sin\theta)(-\cos\theta)d\theta$$

$$= -\cos^5\theta - 4\int\cos^4\theta\sin\theta d\theta$$

この右辺の第2項は明らかに$4I$になるので

$$I = -\cos^5\theta - 4I, \quad 5I = -\cos^5\theta, \quad I = -\frac{1}{5}\cos^5\theta$$

カージオイド曲線

〔例 5〕 カージオイド曲線（図2・18を参照）$r = a(1+\cos\theta)$ ただし$a > 0$，が原線のまわりに回転して生ずる回転体の表面積を求めてみる．

これは回転図形が極座標表示で与えられた場合で，図2・30に示した曲線上で接近したP，Qの2点をとり，この間の曲線長をdLとすると，これはすでに図2・16で説明したように

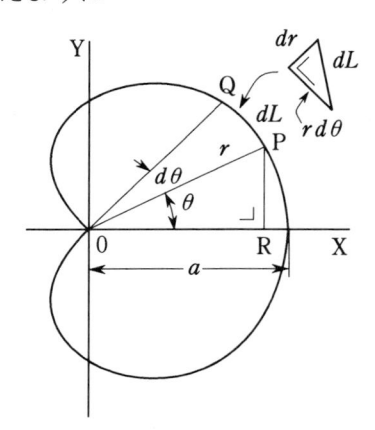

図2・30 カージオイド曲線体の表面積

$$dL = \sqrt{(dr)^2 + (rd\theta)^2} = \sqrt{r^2 + \left(\frac{dr}{d\theta}\right)^2} d\theta$$

で与えられるので，この場合の$r = a(1+\cos\theta)$をこれに入れると $\frac{dr}{d\theta} = -a\sin\theta$ になるので，

$$dL = \sqrt{a^2\{(1+\cos\theta)^2 + (-\sin\theta)^2\}} d\theta$$

$$= a\sqrt{2(1+\cos\theta)} d\theta = 2a\sqrt{\frac{1+\cos\theta}{2}} d\theta = 2a\cos\frac{\theta}{2} d\theta$$

ただし，三角学の公式 $\cos\frac{\alpha}{2} = \pm\sqrt{\frac{1+\cos\alpha}{2}}$ を用いた．

2・4 立体，回転体の表面積の計算

この dL が原線 OX のまわりに回転してできる曲面積 dS は，Q 点が十分に P 点に接近すると，P 点が回転してできる円周にその幅である dL をかけたものに等しく

$$dS = 2\pi \cdot \overline{\mathrm{PR}} dL = 2\pi \cdot r\sin\theta \cdot 2a\cos\frac{\theta}{2} d\theta$$

$$= 4\pi a^2 (1+\cos\theta)\sin\theta \cos\frac{\theta}{2} d\theta$$

$$= 4\pi a^2 \left(2\cos^2\frac{\theta}{2}\right)\left(2\sin\frac{\theta}{2}\cos\frac{\theta}{2}\right)\cos\frac{\theta}{2} d\theta$$

$$= 16\pi a^2 \cos^4\frac{\theta}{2} \sin\frac{\theta}{2} d\theta$$

ただし，三角学の倍角の公式 $\sin 2\alpha = 2\sin\alpha\cos\alpha$ を用いた

というようになり，全表面積はこれを $\theta=0$ から $\theta=\pi$ まで積分したものになるので，

$$S = \int_0^\pi dS = 16\pi a^2 \int_0^\pi \cos^4\frac{\theta}{2} \sin\frac{\theta}{2} d\theta$$

$$= 16\pi a^2 \left(-\frac{2}{5}\cos^5\frac{\theta}{2}\right)_0^\pi = 16\pi a^2 \times \frac{2}{5} = \frac{32}{5}\pi a^2$$

ただし，$\int \cos^4\frac{\theta}{2}\sin\frac{\theta}{2} d\theta$ において $\frac{\theta}{2}=x$ とおき，その両辺を x について微分すると $\frac{1}{2}\frac{d\theta}{dx}=1$ となり $d\theta=2dx$ になるので，

上の積分は

$$2\int \cos^4 x \sin x\, dx = 2\times\left(-\frac{1}{5}\cos^5 x\right) = -\frac{2}{5}\cos^5\frac{\theta}{2}$$

となって，$\int$ 内は前例と同一である．

なお，定積分の物理学上その他での応用があるが，後の電気工学上における応用に関連して出てきたときに解説することにして，以上で定積分の一般的な応用をおえることにしよう．

3 定積分の計算例題

〔例題 1〕

矩形コイル 磁界の強さ

図3・1に示したような各辺の長さ〔m〕がそれぞれ$2a$, $2b$である矩形コイルにI〔A〕の電流を流したとき，コイルの中心P点に生ずる磁界の強さ〔A/m〕を求めよ．

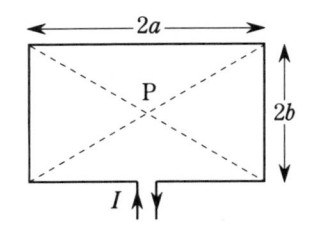

図3・1 矩形コイルの中心の磁界の強さ

〔解答〕

ビオ・サバールの法則

まず，このような磁界の強さを求める場合の基本になる**ビオ・サバールの法則**を説明すると，図3・2(a)のように電流Iが流れている導体の長さdl〔m〕によってP点に生ずる磁界は

$$H = \frac{1}{4\pi} \times \frac{Idl\sin\theta}{r^2} \text{〔A/m〕}$$

によって与えられる．ここにrは微小部分dlとP点間の距離〔m〕であって，θはIの方向とrとのなす角〔rad〕である．そこで図3・2 (b) においてコイルの一辺AB上に微小部分dlによってコイルの中心Pに生ずる磁界dHを考えると，図上から明らかなように，この場合$\sin\theta = \sin(90° - \alpha) = \cos\alpha$になり，

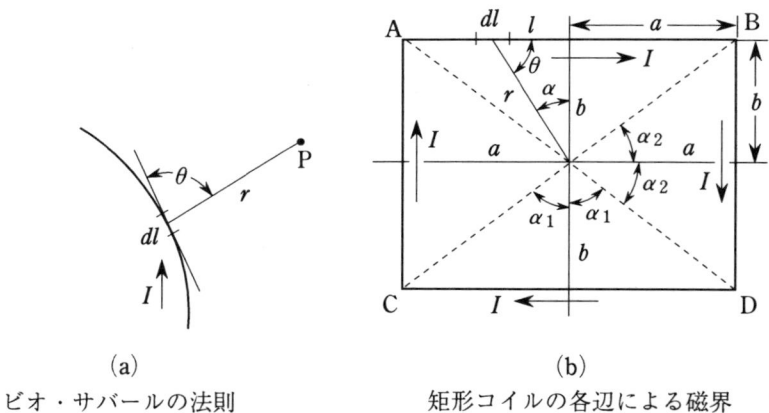

(a) ビオ・サバールの法則　　(b) 矩形コイルの各辺による磁界　　図3・2

$$r = \frac{b}{\cos\alpha}, \quad l = b\tan\alpha, \quad \frac{dl}{d\alpha} = b\frac{d\tan\alpha}{d\alpha} = \frac{b}{\cos^2\alpha}$$

これらの値を上記のdHに代入すると

$$dH = \frac{I\dfrac{b}{\cos^2\alpha}d\alpha\cos\alpha}{4\pi\left(\dfrac{b}{\cos\alpha}\right)^2} = \frac{I}{4\pi b}\cos\alpha\, d\alpha$$

この dH を AB 間について積分する. $\alpha_1 = \tan^{-1}\left(\dfrac{a}{b}\right)$ とすると $\alpha = -\alpha_1$ から $\alpha = +\alpha_1$ まで積分することになり, これが上の AB 辺による P 点の磁界となり, 下辺 CD による磁界も同様になり前の磁界に加わるので(電流の方向が反対)2倍になる. 他の AC, BD 辺においても同様で, これらの磁界が P 点で全部加わり合い, その磁界の強さは

$$H = \frac{2I}{4\pi b}\int_{-\alpha_1}^{+\alpha_1}\cos\alpha\, d\alpha + \frac{2I}{4\pi a}\int_{-\alpha_2}^{+\alpha_2}\cos\alpha\, d\alpha$$

$$= \frac{I}{2\pi}\left\{\frac{1}{b}[\sin\alpha]_{-\alpha_1}^{+\alpha_1} + \frac{1}{a}[\sin\alpha]_{-\alpha_2}^{+\alpha_2}\right\}$$

$$= \frac{I}{2\pi}\left(\frac{2}{b}\sin\alpha_1 + \frac{2}{a}\sin\alpha_2\right) = \frac{I}{\pi}\left(\frac{1}{b}\sin\alpha_1 + \frac{1}{a}\sin\alpha_2\right)$$

ただし, $\alpha_2 = \tan^{-1}\left(\dfrac{b}{a}\right)$ である.

また, 次のようにも書ける

$$H = \frac{I}{\pi}\left(\frac{a}{b\sqrt{a^2+b^2}} + \frac{b}{a\sqrt{a^2+b^2}}\right)$$

〔例題2〕

図3·3のような無限空間の任意の点 P における電位 V が

$$V = -\frac{1}{4\pi\varepsilon}e^{-\frac{2r}{d}}$$

空間の電荷密度

で表わされるとき, その空間の電荷密度 ρ を表わす式を求めよ. ただし, r はその点の原点からの距離, d は定数とする. また, 空間の誘電率 ε はどこも一定であるものとする.

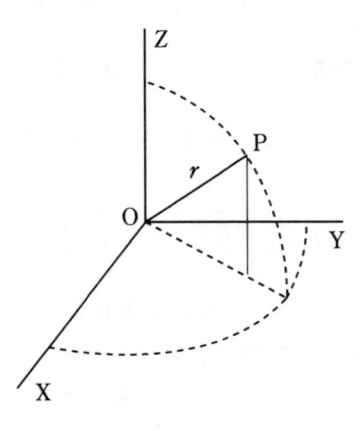

図3·3 空間の電荷密度

〔解答〕

電位 V を与える式が, 座標として原点 O からの距離 r だけしかふくんでいないから, 電位 V, したがって電界 E, 電荷密度 ρ はいずれも原点 O に対し点対称である.

$$\text{P点の電界の強さ } E_P = -\frac{dV}{dr} = -\frac{1}{2\pi\varepsilon d}e^{-\frac{2r}{d}} \tag{1}$$

いま, 半径 x ($x < r$) の球殻を考え, その厚さを dx, 電荷密度を ρ_x とおくと, この

3 定積分の計算例題

ガウスの定理　球殻によるP点の電界の強さ$E_{P'}$は，中心にこの球殻の電荷$4\pi x^2 \rho_x dx$が集中したものと考えてよく，ガウスの定理によると$4\pi r^2 E_{P'} = 4\pi x^2 \rho_x dx / \varepsilon$になるので

$$E_{P'} = \frac{4\pi x^2 \rho_x dx}{4\pi \varepsilon r^2} = -\frac{x^2 \rho_x}{\varepsilon r^2} dx \tag{2}$$

これを$x = 0$から$x = r$まで積分したものが(1)式になるのだから

$$\frac{1}{\varepsilon r^2} \int_0^r x^2 \rho_x dx = -\frac{1}{2\pi \varepsilon d} e^{-\frac{2r}{d}}$$

ここで左辺の定積分をはずすために右辺を次のようにおく．

$$右辺 = -\frac{1}{2\pi \varepsilon d r^2} \left[x^2 e^{-\frac{2x}{d}} \right]_0^r$$

したがって　$\dfrac{1}{\varepsilon r^2} \int x^2 \rho_x dx = -\dfrac{1}{2\pi \varepsilon d r^2} x^2 e^{-\frac{2r}{d}}$

この両辺を微分すると

$$x^2 \rho_x = \frac{1}{2\pi d} \frac{d}{dx}\left(x^2 e^{-\frac{2x}{d}} \right) = -\frac{x}{\pi d}\left(1 - \frac{x}{d}\right) e^{-\frac{2x}{d}}$$

$$\therefore \quad \rho_x = -\frac{1}{\pi d}\left(\frac{1}{x} - \frac{1}{d} \right) e^{-\frac{2r}{d}}$$

〔例題3〕

正弦波，半円波，半楕円波，三角波，台形波，鋸歯状波，矩形衝撃波の平均値，実効値，波形率，波高率を算定せよ．

〔解答〕

平均値　その瞬時値をiとし周期をTとすると，**平均値**は瞬時値の和$\int i dt$をTについて平均

実効値　した$\dfrac{1}{T}\int i dt$になり，**実効値**はこれと等しい仕事をする直流の大さをもってあらわすので，この値をIとしたとき，これをRなる抵抗に流したとき同じ熱量を発生するので，

$$I^2 RT = i^2 R の和, \quad I = \sqrt{\frac{1}{T}(i^2 の和)} = \sqrt{\frac{1}{T}\int i^2 dt}$$

となり，実効値は瞬時値の自乗の平均の平方根になる．

波形率　また，**波形率**＝実効値÷平均値（実効値＝平均値×波形率）であり**波高率**＝最大
波高率　値÷実効値（最大値＝実効値×波高率）になる．次に各波のこれらの値を求めるのに，波形は対称だから半波（$0 - \pi$間）について求めればよい．

正弦波　正弦波；図3・4で，その最大値をI_mとすると，任意の瞬間ωtの瞬時値iは$i = I_m \sin \omega t$であらわされるので

$$平均値\ I_{mean} = \frac{1}{\pi} \int_0^\pi I_m \sin \omega t\, d\omega t = \frac{I_m}{\pi}[-\cos \omega t]_0^\pi$$

$$= \frac{I_m}{\pi}\left[-(-1) - \{-(1)\}\right] = \frac{2I_m}{\pi} = 0.637 I_m$$

3 定積分の計算例題

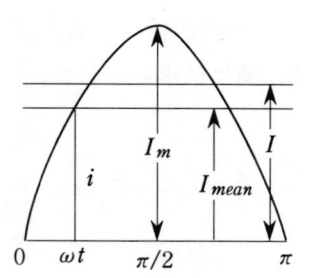

図3・4 正弦波

実効値 $I = \sqrt{\dfrac{1}{\pi}\int_0^\pi I_m^2 \sin^2\omega t\, d\omega t} = \sqrt{\dfrac{I_m^2}{\pi}\int_0^\pi \dfrac{1}{2}(1-\cos 2\omega t)d\omega t}$

$= \sqrt{\dfrac{I_m^2}{\pi}\dfrac{1}{2}\left[\omega t - \dfrac{\sin 2\omega t}{2}\right]_0^\pi} = \sqrt{\dfrac{I_m^2}{2\pi}\times \pi} = \dfrac{I_m}{\sqrt{2}} = 0.707 I_m$

波形率 $= \dfrac{I_m/\sqrt{2}}{2I_m/\pi} = \dfrac{\pi}{2\sqrt{2}} = 1.11$

波高率 $= \dfrac{I_m}{I_m/\sqrt{2}} = \sqrt{2} = 1.414$

注：$0-\pi/2$ 間について計算してもよい．

半円波

半円波；この場合は図3・5のように考えられるので，ωt の代わりに x，$I_m - x$ を用いると

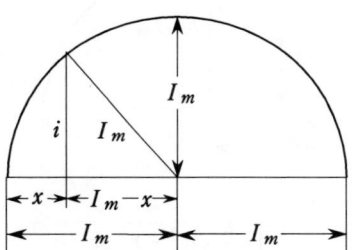

図3・5 半円波

$i^2 + (I_m - x)^2 = I_m^2$ より，$i = \sqrt{I_m^2 - (I_m - x)^2}$

となるので，

$$I_{mean} = \dfrac{1}{2I_m}\int_0^{2I_m}\sqrt{I_m^2 - (I_m - x)^2}\, dx$$

となるが，これに既知の不定積分の公式

$$\int \sqrt{a^2 - x^2}\, dx = \dfrac{1}{2}\left(x\sqrt{a^2 - x^2} + a^2 \sin^{-1}\dfrac{x}{a}\right)$$

を用いるために，$I_m - x = z$ とおくと $dx = -dz$ になり，
$x = 2I_m$ で $z = -I_m$，$x = 0$ で $z = I_m$ となり

$$I_{mean} = \dfrac{1}{2I_m}\times \dfrac{1}{2}\left[-z\sqrt{I_m^2 - z^2} + I_m^2 \sin^{-1}\dfrac{z}{I_m}\right]_{I_m}^{-I_m}$$

$$= \dfrac{1}{2I_m}\times \dfrac{I_m^2}{2}\left(\dfrac{3\pi}{2} - \dfrac{\pi}{2}\right) = \dfrac{\pi I_m}{4}$$

になる．もっとも，この半円の面積は $(\pi I_m^2/2)$ になり，その $2I_m$ についての平均は $(\pi I_m^2/2) \div 2I_m = \pi I_m/4$ と簡単に求められる．

その**実効値**は

$$I = \sqrt{\frac{1}{2I_m}\int_0^{2I_m}\left\{I_m^2 - (I_m - x)^2\right\}dx} = \sqrt{\frac{1}{2I_m}\int_0^{2I_m}(2I_m x - x^2)dx}$$

$$= \sqrt{\frac{1}{2I_m}\left[I_m x^2 - \frac{x^3}{3}\right]_0^{2I_m}} = \sqrt{\frac{1}{2I_m} \times \frac{4I_m^3}{3}} = \sqrt{\frac{2}{3}}I_m$$

$$波形率 = \frac{\sqrt{\frac{2}{3}}I_m}{\pi I_m/4} = \frac{4\sqrt{2}}{\sqrt{3}\pi} = 1.04$$

$$波高率 = \frac{I_m}{\sqrt{\frac{2}{3}}I_m} = \sqrt{\frac{2}{3}} = 1.226$$

注：この場合も $0 - I_m$ 間について行ってよい．

楕円波；この場合は図 3・6 に示したように，$\dfrac{x^2}{a^2} + \dfrac{y^2}{b^2} = 1$ より $y = \dfrac{b}{a}\sqrt{a^2 - x^2}$ の関係があって，これを $0 \sim \pi/2$，すなわち $x = 0$ から $x = a$ について求めると，

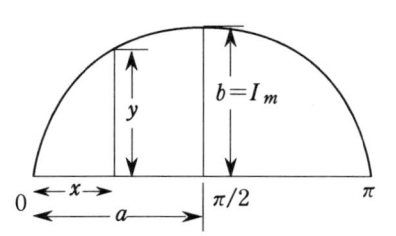

図 3・6　楕円波

$$I_{mean}(平均値) = \frac{1}{a}\int_0^a \frac{b}{a}\sqrt{a^2 - x^2}\,dx$$

$$= \frac{b}{2a^2}\left[x\sqrt{a^2 - x^2} + a^2 \sin^{-1}\frac{x}{a}\right]_0^a$$

$$= \frac{b}{2a^2} \times \frac{a^2\pi}{2} = \frac{\pi b}{4} = \frac{\pi}{4}I_m$$

$$I(実効値) = \sqrt{\frac{1}{a}\int_0^a \frac{b^2}{a^2}(a^2 - x^2)dx} = \sqrt{\frac{b^2}{a^3}\left\{\left[a^2 x\right]_0^a - \left[\frac{x^3}{3}\right]_0^a\right\}}$$

$$= \sqrt{\frac{b^2}{a^3} \times \frac{2a^3}{3}} = \sqrt{\frac{2}{3}}b = \sqrt{\frac{2}{3}}I_m$$

$$波形率 = \frac{\sqrt{\frac{2}{3}}I_m}{\frac{\pi}{4}I_m} = \frac{4}{\pi}\sqrt{\frac{2}{3}} = 1.04$$

$$波高率 = \frac{I_m}{\sqrt{\frac{2}{3}}I_m} = \sqrt{\frac{2}{3}} = 1.23$$

3 定積分の計算例題

三角波　三角波；この場合図3・7において$0 \sim \pi/2$間について行うと，$\triangle \text{OAB} \backsim \triangle \text{OPQ}$になるので対応辺は比例し

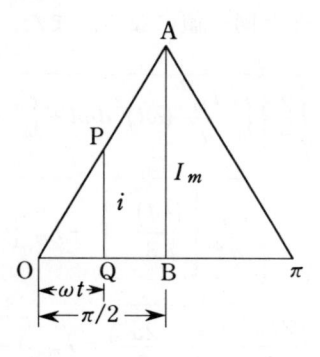

図3・7　三角波

$$\frac{i}{I_m} = \frac{\text{PQ}}{\text{AB}} = \frac{\text{OQ}}{\text{OB}} = \frac{\omega t}{\pi/2}, \quad i = \frac{2I_m}{\pi}\omega t$$

となるので

$$I_{mean}(\text{平均値}) = \frac{1}{\pi/2}\int_0^{\frac{\pi}{2}} \frac{2I_m}{\pi}\omega t \, d\omega t$$

$$= \frac{4I_m}{\pi^2}\left[\frac{(\omega t)^2}{2}\right]_0^{\frac{\pi}{2}} = \frac{4I_m}{\pi^2} \times \frac{\pi^2}{8} = \frac{I_m}{2}$$

になるが，この場合も$\triangle \text{OAB}$の面積は$(I_m \times \pi/2) \times 1/2 = \pi I_m/4$であり，これを$\pi/2$で平均すると$(\pi I_m/4) \div (\pi/2) = I_m/2$と簡単に求められる．なお実効値は

$$I(\text{実効値}) = \sqrt{\frac{2}{\pi}\int_0^{\frac{\pi}{2}} \frac{4I_m^2}{\pi^2}(\omega t)^2 d\omega t} = \sqrt{\frac{8I_m^2}{\pi^3}\left[\frac{(\omega t)^3}{3}\right]_0^{\frac{\pi}{2}}} = \sqrt{\frac{8I_m^2}{\pi^3} \times \frac{\pi^3}{24}}$$

$$= \frac{I_m}{\sqrt{3}}$$

$$\text{波形率} = \frac{I_m/\sqrt{3}}{I_m/2} = \frac{2}{\sqrt{3}} = 1.15$$

$$\text{波高率} = \frac{I_m}{I_m/\sqrt{3}} = \sqrt{3} = 1.732$$

台形波　台形波；この台形波を図3・8のように仮定し，$0 \sim \pi/2$間について計算すると

$$I_{mean}(\text{平均値}) = \frac{1}{\pi/2}\left\{\int_0^\alpha \frac{I_m}{\alpha}\omega t \, d\omega t + \int_\alpha^{\frac{\pi}{2}} I_m d\omega t\right\}$$

$$= \frac{\pi}{2}\left\{\frac{I_m}{\alpha}\left[\frac{(\omega t)^2}{2}\right]_0^\alpha + I_m[\omega t]_\alpha^{\frac{\pi}{2}}\right\}$$

$$= \frac{2}{\pi}\left\{\frac{\alpha I_m}{2} + I_m\left(\frac{\pi}{2} - \alpha\right)\right\} = \frac{I_m}{\pi}(\pi - \alpha)$$

この場合も $\pi/2$ までの面積は $\dfrac{\alpha I_m}{2} + I_m\left(\dfrac{\pi}{2} - \alpha\right)$ になるので,これを $\pi/2$ で除して平均値を求めると,上記と同一値になる.また,実効値は

$$I(実効値) = \sqrt{\dfrac{2}{\pi}\left\{\int_0^\alpha \dfrac{I_m^2}{\alpha^2}(\omega t)^2 d\omega t + \int_\alpha^{\frac{\pi}{2}} I_m^2 d\omega t\right\}}$$

$$= \sqrt{\dfrac{2}{\pi}\left\{\dfrac{I_m^2}{\alpha^2}\left[\dfrac{(\omega t)^3}{3}\right]_0^\alpha + I_m^2[\omega t]_\alpha^{\frac{\pi}{2}}\right\}}$$

$$= \sqrt{\dfrac{2I_m^2}{\pi}\left(\dfrac{\pi}{2} - \dfrac{2\alpha}{3}\right)} = I_m\sqrt{1 - \dfrac{4\alpha}{3\pi}}$$

$$波形率 = \dfrac{I_m\sqrt{1 - \dfrac{4\alpha}{3\pi}}}{\dfrac{I_m}{\pi}(\pi - \alpha)} = \dfrac{\sqrt{1 - \dfrac{4\alpha}{3\pi}}}{1 - \dfrac{\alpha}{\pi}}$$

$$波高率 = \dfrac{I_m}{I_m\sqrt{1 - (4\alpha/3\pi)}} = \dfrac{1}{\sqrt{1 - (4\alpha/3\pi)}}$$

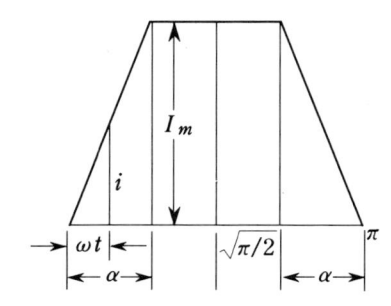

図3・8 台形波

鋸歯状波;この場合も図3・9より明らかなように

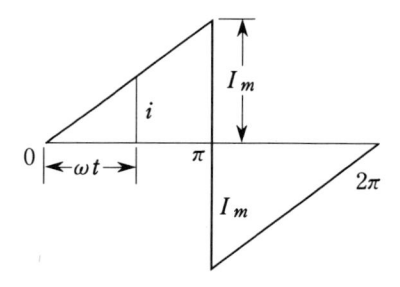

図3・9 鋸歯状波

$$\dfrac{i}{I_m} = \dfrac{\omega t}{\pi} \text{ より } i = \dfrac{I_m}{\pi}\omega t$$

になるので,$0 \sim \pi$ 間をとると

$$I_{mean}(平均値) = \dfrac{1}{\pi}\int_0^\pi \dfrac{I_m}{\pi}\omega t\, d\omega t$$

$$= \dfrac{I_m}{\pi^2}\left[\dfrac{(\omega t)^2}{2}\right]_0^\pi = \dfrac{I_m}{2}$$

前と同様に面積から求めると $(\pi I_m/2) \div \pi = I_m/2$ となる.実効値は

3 定積分の計算例題

$$I(\text{実効値}) = \sqrt{\frac{1}{\pi}\int_0^\pi \frac{I_m{}^2}{\pi^2}(\omega t)^2 d\omega t} = \sqrt{\frac{I_m{}^2}{\pi^3}\left[\frac{(\omega t)^3}{3}\right]_0^\pi} = \frac{I_m}{\sqrt{3}}$$

$$\text{波形率} = \frac{I_m/\sqrt{3}}{I_m/2} = \frac{2}{\sqrt{3}} = 1.15$$

$$\text{波高率} = \frac{I_m}{I_m/\sqrt{3}} = \sqrt{3} = 1.732$$

矩形衝撃波

矩形衝撃波；これは図3·10のように，2π 間に τ だけ I_m なる矩形波があるので，

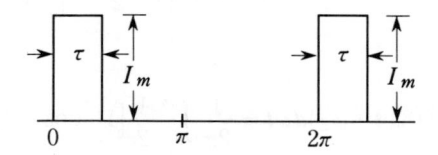

図3·10 矩形衝撃波

$$I_{mean}(\text{平均値}) = \frac{1}{2\pi}\int_0^\tau I_m d\omega t = \frac{I_m}{2\pi}[\omega t]_0^\tau = \frac{\tau I_m}{2\pi}$$

$$I(\text{実効値}) = \sqrt{\frac{1}{2\pi}\int_0^\tau I_m{}^2 d\omega t} = \sqrt{\frac{I_m{}^2}{2\pi}[\omega t]_0^\tau} = \sqrt{\frac{\tau}{2\pi}}I_m$$

$$\text{波形率} = \frac{\sqrt{\dfrac{\tau}{2\pi}}I_m}{\dfrac{\tau}{2\pi}I_m} = \sqrt{\frac{2\pi}{\tau}}$$

$$\text{波高率} = \frac{I_m}{\sqrt{\dfrac{\tau}{2\pi}}I_m} = \sqrt{\frac{2\pi}{\tau}}$$

注：矩形波では平均値も実効値も共に I_m になり波形率，波高率は共に1になる．なお，上記は電流波について求めたが，電圧波でも同一である．

〔例題4〕

ひずみ波交流

ひずみ波交流 $i = I_{1m}\sin\omega t + I_{3m}\sin(3\omega t + \varphi_3)$，$\omega = 2\pi f$，$f =$周波数〔Hz〕を全波整流して，これを直流用の可動コイル形電流計で測定した場合と交直両用の電流力形電流計で測定した場合の計器の指示を求めよ．

〔解答〕

可動コイル形電流計

(1) 可動コイル形電流計での指示

この場合は平均値を指示するので

$$I_{mean} = \frac{1}{\pi}\int_0^\pi \{I_{1m}\sin\omega t + I_{3m}\sin(3\omega t + \varphi_3)\}d\omega t$$

$$= \frac{1}{\pi}\int_0^\pi I_{1m}\sin\omega t\, d\omega t + \frac{1}{\pi}\int_0^\pi I_{3m}\sin(3\omega t + \varphi_3)d\omega t$$

$$= \frac{I_{1m}}{\pi}[-\cos\omega t]_0^\pi + \frac{I_{3m}}{3\pi}[-\cos(3\omega t + \varphi_3)]_0^\pi$$

$$= \frac{2I_{1m}}{\pi} + \frac{2I_{3m}}{3\pi}\cos\varphi_3 = \frac{2}{\pi}\left(I_{1m} + \frac{I_{3m}}{3}\cos\varphi_3\right)$$

電流力形電流計　(2) 電流力形電流計での指示
この場合は実効値を指示するので

$$I = \sqrt{\frac{1}{2\pi}\int_0^{2\pi}\{I_{1m}\sin\omega t + I_{3m}\sin(3\omega t + \varphi_3)\}^2 d\omega t}$$
$$= \sqrt{\frac{1}{2\pi}\int_0^{2\pi}\{I_{1m}{}^2\sin^2\omega t + I_{3m}{}^2\sin^2(3\omega t + \varphi_3) + 2I_{1m}I_{3m}\sin\omega t \cdot \sin(3\omega t + \varphi_3)\}d\omega t}$$

ここで

$$\frac{1}{2\pi}\int_0^{2\pi}\sin^2\omega t\, d\omega t = \frac{1}{2\pi}\int_0^{2\pi}\frac{1}{2}(1-\cos 2\omega t)d\omega t$$
$$= \frac{1}{4\pi}\left\{[\omega t]_0^{2\pi} - \left[\frac{\sin 2\omega t}{2}\right]_0^{2\pi}\right\} = \frac{1}{2}$$

同様に

$$\frac{1}{2\pi}\int_0^{2\pi}\sin^2(3\omega t + \varphi_3)d\omega t = \frac{1}{2\pi}\int_0^{2\pi}\frac{1}{2}\{1-\cos 2(3\omega t + \varphi_3)\}d\omega t$$
$$= \frac{1}{4\pi}\left\{[\omega t]_0^{2\pi} - \left[\frac{\sin 2(\omega t + \varphi_3)}{6}\right]_0^{2\pi}\right\} = \frac{1}{2}$$

また

$$\frac{1}{2\pi}\int_0^{2\pi}\sin\omega t\sin(3\omega t + \varphi_3)d\omega t$$
$$= \frac{1}{2\pi}\int_0^{2\pi}\frac{1}{2}\{\cos(2\omega t + \varphi_3) - \cos(4\omega t + \varphi_3)\}d\omega t$$
$$= \frac{1}{4\pi}\left\{\left[\frac{\sin(2\omega t + \varphi_3)}{2}\right]_0^{2\pi} - \left[\frac{\sin(4\omega t + \varphi_3)}{4}\right]_0^{2\pi}\right\} = 0$$

$$\therefore\ I = \sqrt{\frac{I_{1m}{}^2}{2} + \frac{I_{3m}{}^2}{2}} = \sqrt{\left(\frac{I_{1m}}{\sqrt{2}}\right)^2 + \left(\frac{I_{3m}}{\sqrt{2}}\right)^2} = \sqrt{I_1{}^2 + I_3{}^2}$$

この場合，$0\sim\pi$ について行ってもよいが，上限，下限を入れる計算は 2π の方が分かりやすいので上記のように行った．

〔例題 5〕

電力　電圧 $v = V\sin\omega t$ と電流 $i = I(\sin\omega t - \sin 3\omega t)$ の間に形成される電力を求めよ．

〔解答〕

この電圧と電流間に形成される電力 P は vi を $\omega t = 0$ から $\omega t = 2\pi$ までについて平均したものになるので，

$$P = \frac{1}{2\pi}\int_0^{2\pi}vi\,d\omega t = \frac{VI}{2\pi}\int_0^{2\pi}\sin\omega t(\sin\omega t - \sin 3\omega t)d\omega t$$
$$= \frac{VI}{2\pi}\left\{\int_0^{2\pi}\sin^2\omega t\,d\omega t - \int_0^{2\pi}\sin\omega t\sin 3\omega t\,d\omega t\right\}$$
$$= \frac{VI}{2\pi}\left\{\int_0^{2\pi}\frac{1}{2}(1-\cos 2\omega t)d\omega t - \int_0^{2\pi}\frac{1}{2}(\cos 2\omega t - \cos 4\omega t)d\omega t\right\}$$
$$= \frac{VI}{4\pi}\left\{\left[\omega t - \frac{\sin 2\omega t}{2}\right]_0^{2\pi} - \left[\frac{\sin 2\omega t}{2} - \frac{\sin 4\omega t}{4}\right]_0^{2\pi}\right\}$$

3 定積分の計算例題

$$= \frac{VI}{4\pi}(2\pi - 0) = \frac{VI}{2}$$

この問題では電圧に第3調波分がなかったが，$e = E_{1m}\sin\omega t + E_{3m}\sin 3\omega t$, $i = I_{1m}\sin(\omega t - \phi_1) + I_{3m}\sin(3\omega t - \phi_3)$ といずれにも第3調波分を有する場合に形成される電力Pを求めてみよう．

$$P = ei = (E_{1m}\sin\omega t + E_{3m}\sin 3\omega t)\{I_{1m}\sin(\omega t - \phi_1) + I_{3m}\sin(3\omega t - \phi_3)\}$$
$$= E_{1m}I_{1m}\sin\omega t\sin(\omega t - \phi_1) + E_{1m}I_{3m}\sin\omega t\sin(3\omega t - \phi_3)$$
$$+ E_{3m}I_{1m}\sin(\omega t - \phi_1)\sin 3\omega t + E_{3m}I_{3m}\sin 3\omega t\sin(3\omega t - \phi_3)$$

この各項を$0 \sim 2\pi$間について平均をとると

$$\frac{1}{2\pi}\int_0^{2\pi}\sin\omega t\sin(\omega t - \phi_1)d\omega t = \frac{1}{4\pi}\int_0^{2\pi}\{\cos\phi_1 - \cos(2\omega t - \phi_1)\}d\omega t$$

$$= \frac{1}{4\pi}\left\{[\cos\phi_1\omega t]_0^{2\pi} - \left[\frac{\sin(2\omega t - \phi_1)}{2}\right]_0^{2\pi}\right\} = \frac{\cos\phi_1}{2}$$

同様に

$$\frac{1}{2\pi}\int_0^{2\pi}\sin 3\omega t\sin(3\omega t - \phi_3)d\omega t = \frac{\cos\phi_3}{2}$$

となり，異なる周波間に形成される他の二つの項は上記で求めたように0になるので，

$$P = \frac{1}{2\pi}\int_0^{2\pi}eid\omega t = \frac{E_{1m}I_{1m}}{2}\cos\phi_1 + \frac{E_{3m}I_{3m}}{2}\cos\phi_3$$
$$= E_1I_1\cos\phi_1 + E_3I_3\cos\phi_3$$

となって同一周波数の電圧と電流の間に形成される電力の和になる．問題では，$\cos\phi_1 = 1$, $E_{3m} = 0$ であった．

[例題6]

全波整流
可動コイル形電流計

正弦波交流電圧$E_m\sin\omega t$を全波整流して，起電力がE_cである内部抵抗rの蓄電池を充電する場合，可動コイル形電流計を用いて充電電流を測定したときの指示を求めよ．ただし，蓄電池の起電力は一定とする．

[解答]

この場合は図3・11で示すように，eがE_c以上になった斜線の部分だけ充電電流が流れ，可動コイル形電流計はこれを$0 \sim \pi$間について平均した値を指示するので，いま$\omega t = 0$から$\omega t = \pi/2$について求めると，充電は$\omega t = \alpha$より開始され$E_m\sin\alpha = E_c$より

$$\sin\alpha = \frac{E_c}{E_m}, \quad \alpha = \sin^{-1}\frac{E_c}{E_m}$$

電流計の指示は

$$I_{mean} = \frac{1}{\pi/2}\int_\alpha^{\pi/2}\frac{1}{r}(E_m\sin\omega t - E_c)d\omega t$$

$$= \frac{2}{\pi r}\left\{E_m[-\cos\omega t]_\alpha^{\frac{\pi}{2}} - E_c[\omega t]_\alpha^{\frac{\pi}{2}}\right\}$$

$$= \frac{2}{\pi r}\left\{E_m\cos\alpha - E_c\left(\frac{\pi}{2}-\alpha\right)\right\}$$

$$= \frac{2}{\pi r}\left\{E_m\sqrt{1-\left(\frac{E_c}{E_m}\right)^2} - E_c\left(\frac{\pi}{2}-\sin^{-1}\frac{E_c}{E_m}\right)\right\}$$

$$= \frac{2}{\pi r}\left\{\sqrt{E_m{}^2 - E_c{}^2} - E_c\left(\frac{\pi}{2}-\sin^{-1}\frac{E_c}{E_m}\right)\right\}$$

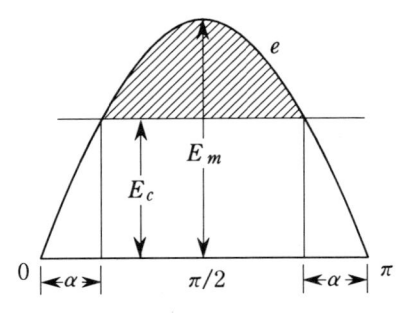

図3・11 充電電流

この場合，正弦波曲線の裾を切った斜線の部分は，もはや正弦波曲線ではないので，これを$(E_m - E_c)\sin\omega t$として取り扱えない．

〔例題7〕

起電力E_dなる電池と交流電源$e = E_m\sin\omega t$を直列に接続し，図3・12に示すように，これに抵抗r，誘導リアクタンスxを接続したとき，電圧計Ⓥ，電流計Ⓐの指示ならびに，この場合の電力を求めよ．ただし，計器はいずれも実効値を指示するものとし，電源ならびに電流計の内部インピーダンスは無視する．

脈動回路

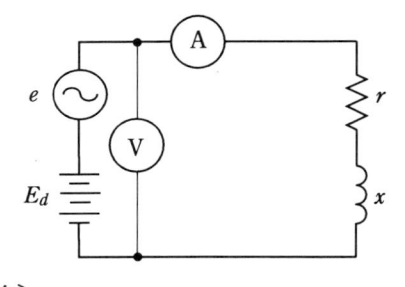

図3・12 脈動回路の電圧，電流

〔解答〕

Ⓥの端子間に加わる電圧の瞬時値vは

$$v = E_d + E_m\sin\omega t$$

になるので，Ⓥの指示である実効値Eは

$$E = \sqrt{\frac{1}{2\pi}\int_0^{2\pi}\left(E_d + E_m\sin\omega t\right)^2 d\omega t}$$

$$= \sqrt{\frac{1}{2\pi}\int_0^{2\pi}\left(E_d{}^2 + E_m{}^2\sin^2\omega t + 2E_dE_m\sin\omega t\right)d\omega t}$$

$$= \sqrt{\frac{1}{2\pi}\left\{\left[E_d{}^2\omega t\right]_0^{2\pi} + \frac{E_m{}^2}{2}\left[\omega t - \frac{\sin 2\omega t}{2}\right]_0^{2\pi} + 2E_dE_m\left[-\cos\omega t\right]_0^{2\pi}\right\}}$$

$$= \sqrt{\frac{1}{2\pi}\left(2\pi E_d{}^2 + \pi E_m{}^2 + 0\right)} = \sqrt{E_d{}^2 + \frac{E_m{}^2}{2}} = \sqrt{E_d{}^2 + E^2}$$

次に，この回路に流れる電流について考える．

3 定積分の計算例題

直流分 E_d に対してリアクタンスは何のさまたげにもならないので，直流分電流は E_d/r になり，交流分は

$$i' = \frac{E_m}{\sqrt{r^2+x^2}}\sin(\omega t - \varphi), \quad \text{ただし } \varphi = \tan^{-1}\frac{x}{r}$$

全電流はこの二つを重ね合わせたもので

$$i = \frac{E_d}{r} + \frac{E_m}{\sqrt{r^2+x^2}}\sin(\omega t - \varphi) = I_d + I_m\sin(\omega t - \varphi)$$

したがって，電流計Ⓐが実効値を指示すると，その指示値 I は

$$I = \sqrt{\frac{1}{2\pi}\int_0^{2\pi}\{I_d + I_m\sin(\omega t - \varphi)\}^2 d\omega t}$$

$$= \sqrt{I_d^2 + \frac{I_m^2}{2}} = \sqrt{\left(\frac{E_d}{r}\right)^2 + \left\{\frac{E_m}{\sqrt{2}\sqrt{r^2+x^2}}\right\}^2} = \sqrt{I_d^2 + I_e^2}$$

次に電力 P は vi の平均になり

$$P = \frac{1}{2\pi}\int_0^{2\pi}(E_d + E_m\sin\omega t)\{I_d + I_m\sin(\omega t - \varphi)\}d\omega t$$

$$= E_d I_d + \frac{E_m I_m}{2}\cos\varphi = E_d I_d + EI\cos\varphi$$

というようになる．

〔例題 8〕

水圧管　水力発電所の水圧管において，設計水圧を P [kg/cm^2]，管径を D [cm]，管材の許容引張り強さを σ [kg/cm^2]，接合効率を η，安全率を f としたとき管の板厚を計算せよ．

〔解答〕

図 3·13 に示したように，水圧 p [kg/cm^2] は中心 O から周囲の管壁に放射状に向かい各部において均一である．いま，図の AB 軸から θ 方向に微小角 $d\theta$ をとると，$d\theta$ をふくむ微小面積 ds は管径が D [cm] だから単位長につき

$$ds = \frac{D}{2}d\theta \; [\text{cm}^2]$$

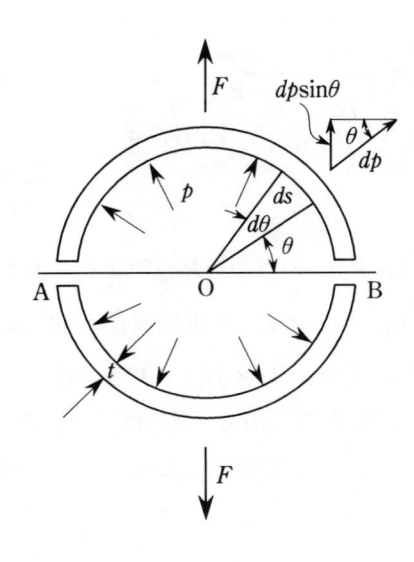

図 3·13　管内での水圧

したがって ds 面の受ける水圧 $dp = Pds$ になり管面に垂直である．この dp の垂直軸上の分力 $dp\sin\theta$ を $\theta = 0$ から $\theta = \pi$ まで積分すると，

$$F = \int_0^\pi dp\sin\theta d\theta = \frac{PD}{2}\int_0^\pi \sin\theta d\theta = \frac{PD}{2}[-\cos\theta]_0^\pi = PD \ [\text{kg/cm}^2]$$

この F を支えるのはA，B 2点の板厚の部分で，管材の許容引張り強さ は σ [kg/cm^2] だから，その厚さを t [cm] とすると，単位長につき $\sigma \times 2t \times 1 \times \eta$ なる対抗力を有していて

$$F = pD = 2\sigma t\eta, \quad t = \frac{pD}{2\sigma\eta}$$

になるが，安全を見てこの f 倍の厚さとすると

$$t = \frac{pDf}{2\sigma\eta} \ [\text{cm}]$$

によって求められる．

注：断面 1 cm^2，高さ H [m] の水頭圧は 1 cm^3 の水の重さを 1 g とすると $1 \times 1 \times 100H \times 10^{-3} = 0.1H$ [kg/cm^2] になり，この H は水力発電所では有効落差に相当する．また，全負荷遮断時の水頭圧は静水圧の20～40%になるので，設計水圧 P としては $P = 0.12H \sim 0.14H$ をとる．また，管内の流速を v とすると

$$Q = Sv = \frac{\pi D^2}{4}v, \quad D = \sqrt{\frac{4Q}{\pi v}} = 1.13\sqrt{\frac{Q}{v}}$$

一般に水圧管内の流速は $v = 2.5 \sim 4$ m/s である．また，η は 0.45～0.94，f は 4，σ は 3 400～4 100 kg/cm^2 ぐらいである．なお，実際には，腐食および摩耗に対する余裕を 2 mm 程度に見込んでいる．

〔例題 9〕

こう長 l の三相3線式送電線において受電端Bの負荷電流は I，その力率は遅れの $\cos\theta$ である．送電端Aでの線路充電電流を I_c とし，これが平等に線路に分布されているものとしたときの線路抵抗損失を求めよ．

なお，図 3・14 のように線路の中央点Cにリアクトル L を挿入し，これに遅相電流 I_L をとらせたときの線路抵抗損失を前と比較せよ．ただし，電線単位長の抵抗を r とする．

線路抵抗損失

線路損失の計算

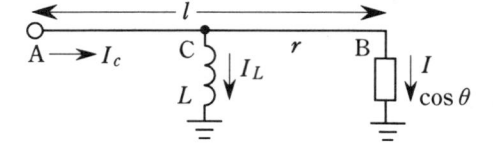

図 3・14　線路損失の計算

〔解答〕

L のないとき；受電端Bより x の点の線路電流を考えると，負荷電流は $I\cos\theta - jI\sin\theta$，ただし $\sin\theta = \sqrt{1 - \cos^2\theta}$ になり，充電電流 i_c は線路に平等に分布されているので，図から明らかなように $i_c/I_c = x/(l \times ji_c) = I_c(x/l)$ になり，この点の線路電流 $I_x = I\cos\theta + j(i_c - I\sin\theta)$ になるので dx なる部分の抵抗損失は $I_x^2 r dx$ になり，線路全体としてはこれを $x = 0$ から $x = l$ まで積分したものになるので，3線全体としては

3 定積分の計算例題

充電電流

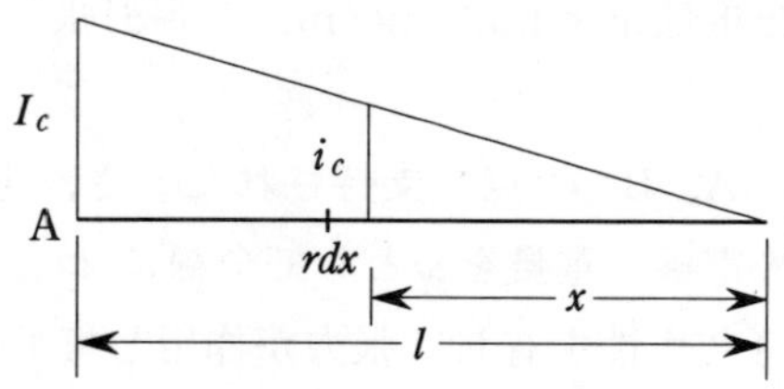

図3·15 充電電流の分布

$$w = 3\int_0^l \left\{(I\cos\theta)^2 + \left(I_c\frac{x}{l} - I\sin\theta\right)^2\right\} r dx$$

$$= 3r\int_0^l \left(I^2 - 2II_c\sin\theta\cdot\frac{x}{l} + I_c^2\frac{x^2}{l^2}\right) dx$$

$$= 3r\left[I^2 x - II_c\sin\theta\cdot\frac{x^2}{l} + I_c^2\frac{x^3}{3l^2}\right]_0^l$$

$$= 3rl\left(I^2 - II_c\sin\theta + \frac{1}{3}I_c^2\right)$$

L を入れたとき；BC, AC間の線路損失をそれぞれ w_1, w_2 とすると

$$w_1 = 3r\int_0^{l/2} \left(I^2 - 2II_c\sin\theta\cdot\frac{x}{l} + I_c^2\frac{x^2}{l^2}\right) dx$$

$$= 3rl\left(\frac{1}{2}I^2 - \frac{1}{4}II_c\sin\theta + \frac{1}{24}I_c^2\right)$$

$$w_2 = 3r\int_{l/2}^l \left\{(I\cos\theta)^2 + \left(I_c\frac{x}{l} - I\sin\theta - I_L\right)^2\right\} dx$$

$$= 3r\int_{l/2}^l \left\{I^2 - 2(I\sin\theta + I_L)I_c\frac{x}{l} + I_c^2\frac{x^2}{l^2} - 2II_L\sin\theta + I_L^2\right\} dx$$

$$= 3r\left[I^2 x - (I\sin\theta + I_L)I_c\frac{x^2}{l} + I_c^2\frac{x^3}{3l^2} - 2II_L\sin\theta\cdot x + I_L^2 x\right]_{l/2}^l$$

$$= 3rl\left\{\frac{1}{2}I^2 - \frac{3}{4}(I\sin\theta + I_L)I_c + \frac{7}{24}I_c^2 + II_L\sin\theta + \frac{1}{2}I_L^2\right\}$$

この場合の全線路損失 $w' = w_1 + w_2$ は

$$w' = 3rl\left(I^2 - II_c\sin\theta + \frac{1}{3}I_c^2 - \frac{3}{4}I_L I_c + II_L\sin\theta + \frac{1}{2}I_L^2\right)$$

両場合の差は $w' - w = 3rlI_L\left(I\sin\theta + \frac{1}{2}I_L - \frac{3}{4}I_c\right)$ となるので

$$\left(I\sin\theta + \frac{1}{2}I_L\right) > \frac{3}{4}I_c \text{ だと } w' > w$$

$$\left(I\sin\theta + \frac{1}{2}I_L\right) < \frac{3}{4}I_c \text{ だと } w' < w$$

ということになる．

〔例題10〕

電線のたるみ

架空電線路の両支持点に高低差のない場合，その径間を250mとし，電線の太さ150mm² の硬銅より線を使用するとき，無風時における電線のたるみ（弛度）は何程

-63-

になるか．ただし，電線重量 $w = 1.375 \,\text{kg/m}$，許容引張り荷重 $T = 2750 \,\text{kg}$ とする．

〔解答〕

架空電線が同一高さのA，Bの2点で支持されたとき，電線にかかる荷重を電線の自重のみとし，単位長の電線の重量を w として全線にわたって均等であるとする．

また，電線は完全な可とう性を有し，張力が作用しても伸長しないものと考える．図3・16において中央の最低点をCとすると弛度はAB線とC点間の距離 D になる．いま，C点から l なる距離（電線長）のP点をとって考えると，電線CPは下図のような棒C′P′としてよい．これが水平線となす角を θ とすると，この状態で棒を支えるためには，C点で左方に働く水平張力 T に対し $-T$ なる水平張力と，この棒がその自重 $T_w = wl$ で水平になろうとする垂直力に対抗する $-T_w$ なる垂直力を要する．すなわち，電線のP点で，この $-T$ と $-T_w$ のベクトル和 T_x が働いて電線がこの状態にある．ここで

$$\tan\theta = \frac{-T_w}{-T} = \frac{wl}{T}$$

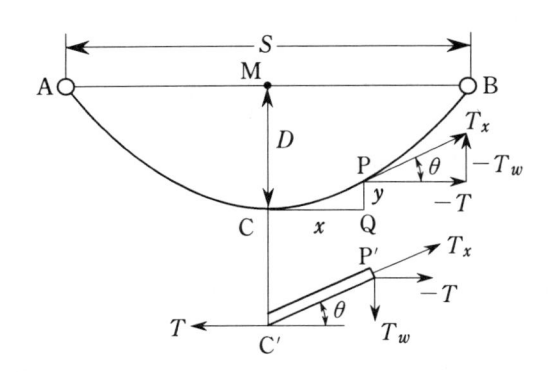

図3・16 電線の弛度と張力

また，C点を原点とした直交座標を考え，P点の座標を (x, y) とすると，P点での $\tan\theta$ は明らかに架空電線の接線であって

$$\tan\theta = \frac{dy}{dx} = \frac{wl}{T}$$

ところが，実際の架線状態では D は径間 S に比して甚だ小さいので $l \fallingdotseq x$ と考えてよいから

$$\frac{dy}{dx} = \frac{wx}{T}, \quad dy = \frac{wx}{T}dx$$

この両辺を積分すると

$$y = \int dy = \frac{w}{T}\int x\,dx = \frac{w}{T}\frac{x^2}{2} + k$$

ここで，$x = 0$ では $y = 0$ になるので，この場合の積分定数 $k = 0$ になる．

また，$x = S/2$ とすると $y = D$ になるので

$$D = \frac{wS^2}{8T} \quad \text{または} \quad T = \frac{wS^2}{8D}$$

なる関係式がえられる．

さて，問題に与えられた硬銅より線 $150\,\text{mm}^2$ は $19/3.2\,\text{mm}$，$w = 1.375\,\text{kg/m}$ で，最小引張り荷重 $5900\,\text{kg}$ であって，これを $T = 2750\,\text{kg}$ に用いるときの安全率は $5900/2750 = 2.2$ であり，

3 定積分の計算例題

$$D = \frac{1.375 \times 250^2}{8 \times 2750} = 3.9 \text{ m}$$

となる．

注：上記は問題に対する一応の答であるが，夏季に電線を強く張ってたるみを少なくすると，冬季に気温の低下したとき，電線が収縮し張力を増し，その上に氷雪が付着して強風に吹かれると断線のおそれがある．といって冬季にたるみを多くしすぎると，夏季では温度上昇によって電線が伸び，道路，鉄道，通信線などの横断箇所で危険を生じ，台風などによる混触短絡事故を発生するので，電線の強度の許す範囲で強く張ることにもなる．そこで予想される最悪の気象条件，例えば最低温度で氷雪が付着したものに風が吹いたとき，または平均温度のとき強風が吹いたときに最大使用張力になるように設計する．この見地からいうと，気象条件にもよるが実際問題としては弛度を上記の値より大きくとることが多い．

〔例題11〕

n相整流器

n相整流器の変圧器2次側各相電圧の実効値をE_aとしたとき，無負荷時の直流側電圧および直流側の負荷電流をE_d, I_dとしたときの交流側の電流，変圧器2次巻線での全皮相電力を算定せよ．ただし，格子制御位相角および整流子内部の電圧降下を無視する．

〔解答〕

整流器の直流側には変圧器2次1相の電圧が加えられるものとし，中性点の電位を0とする．一つの陽極は他の陽極より電位の高い間，すなわち図3・17の$2\pi/n$の間だけ電流を通ずるので，図の斜線を入れたようになる．これに対応する直流側電圧は**直流電圧** e_dのようなさざ波状の太線になり，直流電圧E_dはこの平均値になるので

$$E_d = \frac{1}{\frac{2\pi}{n}} \int_{-\frac{\pi}{n}}^{+\frac{\pi}{n}} \sqrt{2} E_a \cos\omega t \, d\omega t$$

$$= \frac{\sqrt{2} n E_a}{2\pi} [\sin\omega t]_{-\frac{\pi}{n}}^{\frac{\pi}{n}} = \frac{\sqrt{2} n \sin(\pi/n)}{\pi} E_a$$

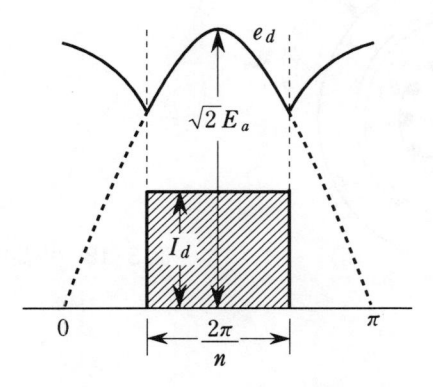

図3・17 n相整流器の電圧，電流

また，上述のように一つの陽極では1サイクル(2π)の間に$2\pi/n$だけ電流が流れるので

$$\text{平均値 } I_{mean} = \frac{1}{2\pi}\left(I_d \times \frac{2\pi}{n}\right) = \frac{I_d}{n}$$

$$\text{実効値 } I_e = \sqrt{\frac{1}{2\pi}\left(I_d^2 \times \frac{2\pi}{n}\right)} = \frac{I_d}{\sqrt{n}}$$

直流側での電力は

$$p_d = E_d I_d = E_a I_d \frac{\sqrt{2}\, n \sin(\pi/n)}{\pi} = E_a I_e \frac{\sqrt{2}\, n^{\frac{3}{2}} \sin(\pi/n)}{\pi}$$

交流側での変圧器2次巻線の全皮相電力は

$$p_a = n E_a I_e = \sqrt{n}\, E_a I_d = \frac{\pi}{\sqrt{2n}\, \sin(\pi/n)} p_d$$

というようになる．

〔例題12〕

熱伝導率がk〔W/m²℃〕の材料で作った内半径r_1〔m〕，外半径r_2〔m〕の中空円筒がある．その内壁に電熱線を取付けて加熱し，これが定常状態に達したとき外壁の温度をθにするための円筒単位長当りの供給電力〔W〕とその時の電熱線表面（r_1）の温度を求めよ．ただし，外壁面における熱伝達率をα〔W/m²℃〕とし，外気の温度をθ_0〔℃〕とする．

〔解答〕

定常状態では電熱線での消費電力P〔W〕のことごとくが外壁面から放散され，その放散熱量は温度が比較的低いと，表面と外気との温度差ならびに放散面積に比例するので，単位長につき

$$P = \alpha(\theta - \theta_0) \times 2\pi r_2 \times 1 = 2\pi \alpha r_2 (\theta - \theta_0) \tag{1}$$

ただし，αは温度差1℃，放散面1m²より放散される熱量を〔W〕であらわしたものである．

このPが電熱線の単位長に供給される電力である．次に図3·18のように円筒内の任意の半径xの点で厚さdxの層を考えると，その熱抵抗は電気抵抗の場合と同様に断面積に反比例し長さに比例するので，単位長につき

$$dR = \frac{1}{k} \frac{dx}{2\pi x \times 1}$$

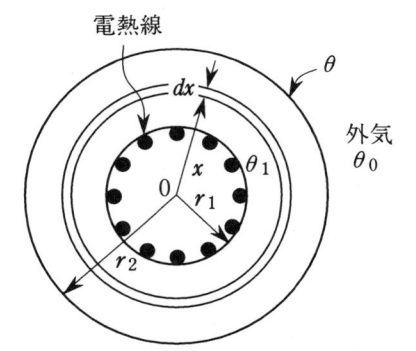

図3·18 円筒内での熱の伝導

となる．これをxについて$x = r_1$から$x = r_2$まで積分すると，この円筒の全熱抵抗Rになるので，

$$R = \int_{r_1}^{r_2} dR = \frac{1}{2\pi k} \int_{r_1}^{r_2} \frac{1}{x} dx$$

$$= \frac{1}{2\pi k} \left[\log\right]_{r_1}^{r_2} = \frac{1}{2\pi k} \log \frac{r_2}{r_1}$$

全熱抵抗が，このRであり，電熱線の表面温度をθ_1とすると温度差は$(\theta_1-\theta)$であるから，熱流Pはオームの法則によって

$$P=\frac{\theta_1-\theta}{R}=\frac{\theta_1-\theta}{\frac{1}{2\pi k}\log\frac{r_2}{r_1}}, \quad \theta_1=\frac{P}{2\pi k}\log\frac{r_2}{r_1}+\theta \tag{2}$$

となり，この(2)式に(1)式のPの値を代入して整理すると，

$$\theta_1=\left(1+\frac{\alpha r_2}{k}\log\frac{r_2}{r_1}\right)\theta-\frac{\alpha r_2}{k}\theta_0$$

によって電熱線の表面温度が算定される．

〔例題13〕

等輝度完全拡散円柱光源 両端面に光のない等輝度完全拡散円柱光源を図3・19のように高さHに設置したとき，その直下よりDなる距離のP点の照度を求めよ．ただし，光源の全光束をFとする．

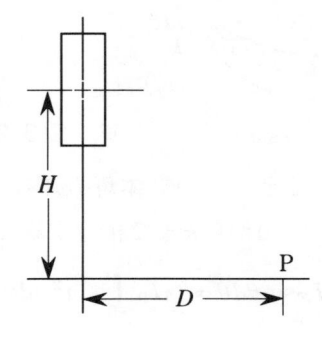

図3・19 円柱光源による照度

〔解答〕

縦がh，直径がRの円柱の側面だけが等輝度Bで発光し，両端面は発光しないとすると，図3・20より明らかなように，水平方向$(\theta=90°)$から見た円柱の面積はRhの**輝度**矩形になり，この方向の光度I_{90}は輝度B〔cd/cm^2〕に，この面積〔cm^2〕をかけたもので$I_{90}=BS=RhB$になる．これを円柱軸とθの角度をなす方向から見ると，図のような上部では斜線を入れた半楕円だけ面積が増し，下部でそれと同面積の半楕円だけ面積が減ずる．また，直径Rには変わりはなくhは$h\sin\theta$になるので面積は$Rh\sin\theta$に**光度**なり，この方向の光度は

$$I_\theta=B\times Rh\sin\theta=RhB\sin\theta=I_{90}\sin\theta$$

になる．

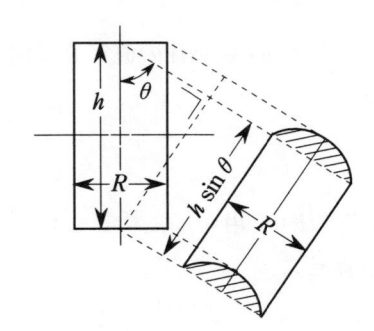

図3・20 θ方向の光度

したがって$I_\theta=I_{90}\sin(90°-\beta)=I_{90}\cos\beta$になるので，$I_\theta$の軌跡は図3・21のよう**配光曲線**な円柱軸に接する直径I_{90}の二つの円になる．これが，この場合の配光曲線であ

る —— 直線光源でも同様 ——．次に，この発光円柱を中心として半径rなる球面を考えると，軸よりθ方向の光度はI_θであり，この点に光中心に角$d\theta$を張る微小球帯を考えると，球帯の幅は$rd\theta$になり，球帯の半径は$r\sin\theta$になるので

球帯の面積　　$dS = rd\theta \times 2\pi r\sin\theta = 2\pi r^2 \sin\theta d\theta$

微小球帯の立体角　　$d\omega = \dfrac{dS}{r_2} = 2\pi \sin\theta d\theta$

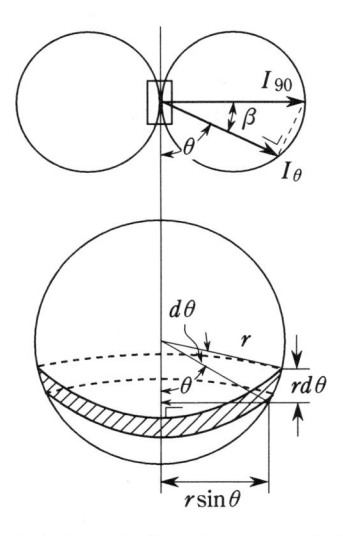

図3・21　配光曲線

光束　この方向への光度をI_θとすると，この立体角$d\omega$内にふくまれる光束は$I_\theta d\omega$になるので，全光束Fは，これを$\theta=0$からπまで積分することになり，

$$F = \int_0^\pi I_\theta d\omega = 2\pi \int_0^\pi I_\theta \sin\theta d\theta = 2\pi I_{90} \int_0^\pi \sin^2\theta d\theta$$

$$= 2\pi I_{90} \int_0^\pi \frac{1}{2}(1-\cos 2\theta)d\theta = 2\pi I_{90}\left[\frac{\theta}{2} - \frac{\sin 2\theta}{4}\right]_0^\pi$$

$$= \pi^2 I_{90}$$

$$I_{90} = \frac{F}{\pi^2}, \quad I_\theta = I_{90}\sin\theta = \frac{F}{\pi^2}\sin\theta$$

水平照度　したがってP点の水平照度E_Pは

$$E_P = \frac{I_\theta}{H^2+D^2}\cos\theta = \frac{F}{\pi^2(H^2+D^2)}\sin\theta\cos\theta$$

$$= \frac{F}{\pi^2(H^2+D^2)} \cdot \frac{D}{(H^2+D^2)^{\frac{1}{2}}} \cdot \frac{H}{(H^2+D^2)^{\frac{1}{2}}} = \frac{FDH}{\pi^2(H^2+D^2)^2}$$

以上から明らかなようにI_θもE_Pも光柱の直径Rに関係しないので，直線光源の場合もこれと同一結果になる．

〔例題14〕

立体角投射の法則　立体角投射の法則（単位球法）を用いて，均等な輝きB〔cd/cm²〕の天空による地表面上の水平照度〔lx〕を計算せよ．

〔解答〕

単位球法　まず，立体角投射の法則（単位球法ともいう）を説明しよう．図3・22においてS_eを輝度Bを有する任意の面光源とし，これによって被照面上の1点Pの受ける照度Eを

求める．いま，光源の微小部分 dS_e をとり，dS_e と P 点との距離を l，P 方向への光度を dI_θ，dS_e の法線（dS_e に立てた鉛直線）N と P への方向のなす角を α，P 点の入射角を β とするとランベルト余弦法則より

ランベルト余弦法則

$$dI_\theta = BdS_e\cos\alpha$$

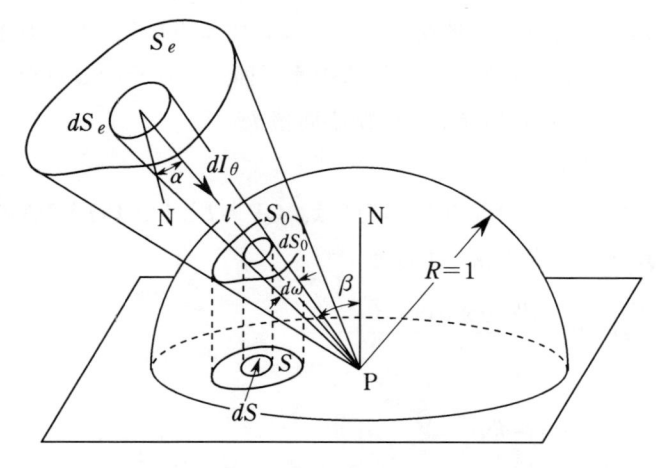

図 3・22 立体角投射の法則

水平照度

dS_e による P 点の水平照度は

$$dE = \frac{dI_\theta}{l^2}\cos\beta$$

したがって P 点の受ける全水平照度 E は，この dE を S_e の全面積について積分したものになり，

$$E = \int_{S_e} dE = \int_{S_e} \frac{BdS_e\cos\alpha\cos\beta}{l^2}$$

次に，P 点を中心とした半径 $R=1$ の球面を仮想すると，P を頂点とし，光源全体を底とする錐体が，球面から切りとる面積を S_0，被照面上での S_0 の正射影を S とすると，光源の微小面 dS_e に対応して，球面および被照面上に dS_0，dS をとると，P 点を頂点とした dS_e および dS_0 をふくむ立体角 $d\omega$ は

$$d\omega = \frac{dS_e}{l^2}\cos\alpha = \frac{dS_0}{R^2} = dS_0$$

となり，$dS = dS_0\cos\beta$ であるから

$$E = \int_{S_e} Bd\omega\cos\beta = \int_{S_0} BdS_0\cos\beta = B\int_S dS = BS$$

光錐体

したがって，上記のような面光源の照度を求めるには，P 点を中心として $R=1$ の球を画き，**光錐体**（被照点 P を頂点とし，光源を底とする錐体）が切りとる部分を被照面上に投影し，その正射影の各点について対応する光源の輝度を積分する．等輝度のときの P 点の照度は，光源の輝度 B に正射影の面積 S を乗じたものになる．上式から明らかなように，$d\omega\cos\beta$ は立体角 $d\omega$ の面の正射影面積に相当するので，これを立体角投射の法則という．

立体角投射

この光源が天空光の場合には，光源 S_e のひろがりは無限で，被照面への投影面積 S は，$R=1$ の球の投影面積全体になり，半径 $R=1$ の円の面積になるので，その水平照度 $E = \pi B \times 10^4$ [lx] となる．

3 定積分の計算例題

〔例題 15〕

半径 r〔m〕で，一様なかがやき B〔cd/cm^2〕を有する円板を床上 h〔m〕の高さに水平においたとき，円板の縁の直下にある点の水平照度を求めよ．

〔解答〕

図3・23に示したように，照度を求めようとする点をP，その直上の縁の点をAとし，Aを通る直径ABを基線とし，円板の水平面上に任意のQ点をとり，その極座標を (ρ, θ) とすると，Q点のまわりの微小面積 dS_e は

$$dS_e = \rho d\theta d\rho$$

になり，この dS_e によるP点の水平照度は，QP $= l$ とし，PQとPAのなす角を β，dS_e 面の法線とQPのなす角を α とすると

$$dE = B \times 10^4 \frac{dS_e \cos\alpha \cos\beta}{l^2}$$

円板光源

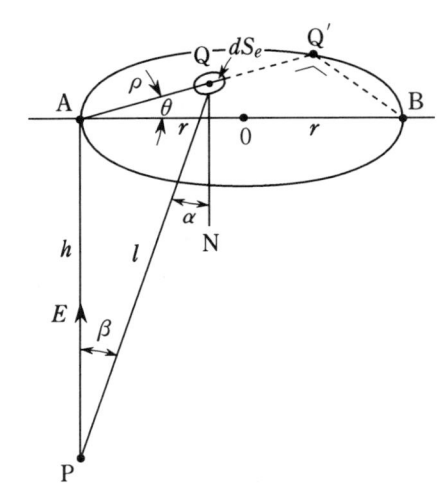

図3・23 円板光源による照度

ここで

$$\cos\alpha = \cos\beta = \frac{h}{l}, \quad l = \sqrt{h^2 + \rho^2}$$

$$dE = Bh^2 \times 10^4 \frac{\rho d\theta d\rho}{(h^2 + \rho^2)^2}$$

円板全体による照度は，これを θ と ρ について二重積分したものになり，ρ は $\rho = 0$ から円板の縁Q'に達するまで，すなわち，このときの $\rho = 2r\cos\theta$ であり，次で $\theta = 0$ から $\pi/2$ まで積分するとABより上の半円になるので，全体としては，この二重積分を2倍することになり

$$E = Bh^2 \times 10^4 \times 2 \int_0^{\pi/2} d\theta \int_0^{2r\cos\theta} \frac{\rho d\rho}{(h^2 + \rho^2)^2}$$

この積分を計算するのに，θ を一定とみて ρ についてまず積分すると，$\rho^2 = z$ とおくと $dz/d\rho = 2\rho$，$d\rho = dz/2\rho = d\rho^2/2\rho$ となり，

$$2\int_0^{2r\cos\theta} \frac{\rho d\rho}{(h^2 + \rho^2)^2} = \int_0^{2r\cos\theta} \frac{d(\rho^2)}{(h^2 + \rho^2)^2} = \left[-\frac{1}{h^2 + \rho^2}\right]_0^{2r\cos\theta}$$

$$= \frac{1}{h^2} - \frac{1}{h^2 + 4r^2\cos^2\theta}$$

この結果をさらにθについて積分すると

$$\int_0^{\pi/2} \frac{1}{h^2} d\theta = \frac{1}{h^2}[\theta]_0^{\pi/2} = \frac{\pi}{2h^2}$$

$$\int_0^{\pi/2} \frac{1}{h^2 + 4r^2\cos^2\theta} d\theta = \int_0^{\pi/2} \frac{\sec^2\theta}{h^2\sec^2\theta + 4r^2} d\theta$$

$$= \int_0^{\pi/2} \frac{1}{(h^2+4r^2)+h^2\tan^2\theta} d(\tan\theta) = \frac{1}{h\sqrt{h^2+4r^2}}\left[\tan^{-1}\frac{h\tan\theta}{\sqrt{h^2+4r^2}}\right]_0^{\pi/2}$$

$$= \frac{\pi}{2} \cdot \frac{1}{h\sqrt{h^2+4r^2}}$$

ただし，$\sec^2\theta = 1 + \tan^2\theta$，$z = \tan\theta$ とおくと

$$\frac{dz}{d\theta} = \frac{d\tan\theta}{d\theta} = \sec^2\theta, \quad d\theta = \frac{dz}{\sec^2\theta} = \frac{1}{\sec^2\theta} d(\tan\theta)$$

さらに

$$\int \frac{1}{a+bx^2} dx = \frac{1}{\sqrt{ab}} \tan^{-1}\sqrt{\frac{b}{a}} x$$

$$E = Bh^2 \times 10^4 \times \frac{\pi}{2}\left\{\frac{1}{h^2} - \frac{1}{h\sqrt{h^2+4r^2}}\right\} = \frac{\pi}{2} B \times 10^4\left(1 - \frac{h}{\sqrt{h^2+4r^2}}\right)$$

立体角投射　この場合は立体角投射の方法を用いると面倒であるが，光源の中心O直下の点Pの照度だと図3・24に示すように，P点で半径$R=1$の球体を考えると，円板光源が球面上で切りとる部分の正射影Sは半径r'の円になり，相似三角形の関係より

$$\frac{r'}{r} = \frac{1}{\sqrt{r^2+h^2}}, \quad r' = \frac{r}{\sqrt{r^2+h^2}}$$

$$E = B \times 10^4 S = B \times 10^4 \pi r'^2 = B \times 10^4 \left(\frac{\pi r^2}{r^2+h^2}\right) \text{[lx]}$$

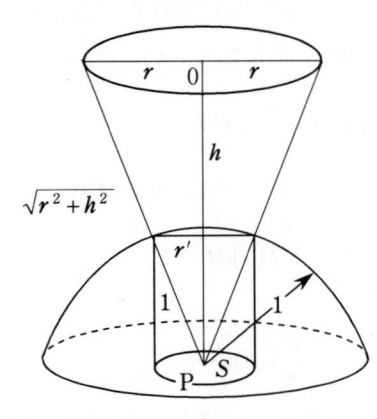

図3・24　中心の照度

といとも簡単に求められる．なお，光源の輝きが光束発散度Mラドルクスで与えられたときは上式で$B = M/\pi$とおけばよい．

4　定積分の計算の要点

〔1〕定積分の性質

その主なものをあげると,

(1) 定積分はその上端および下端の関数であって積分変数の関数ではないので，積分変数は任意におきかえられる．すなわち

$$\int_a^b f(x)dx = \int_a^b f(t)dt$$

(2) 上端と下端が等しい定積分は0である．すなわち

$$\int_a^a f(x) = 0$$

(3) 被積分関数に定数のかかっているときは，これを外に出して定積分を求めてよい．すなわち

$$\int_a^b kf(x)dx = k\int_a^b f(x)dx$$

(4) 被積分関数の和（差）の定積分はそれぞれの定積分の和（差）に等しい．すなわち

$$\int_a^b \{f(x) \pm g(x)\}dx = \int_a^b f(x)dx \pm \int_a^b g(x)dx$$

(5) 定積分の上端と下端をとりかえると，定積分の絶対値はそのままで符号のみが変わる．すなわち

$$\int_a^b f(x)dx = -\int_b^a f(x)dx$$

(6) 変域 $a \leq x \leq b$ を任意の小変域に分けたとき，その各域に対する積分の和は全域における積分に等しい．すなわち

$$\int_a^b f(x)dx = \int_a^c f(x)dx + \int_c^b f(x)dx$$

(7) 変域 $a \leq x \leq b$ における x のすべての値に対し

$$f(x) > 0 \text{であると} \quad \int_a^b f(x)dx > 0$$

$$f(x) < 0 \text{であると} \quad \int_a^b f(x)dx < 0$$

(8) 変域 $a \leq x \leq b$ におけるすべての x の値に対して連続である三つの関数 $g(x)$, $f(x)$, $\varphi(x)$ の間に $g(x) < f(x) < \varphi(x)$ の関係があると

$$\int_a^b g(x)dx < \int_a^b f(x)dx < \int_a^b \varphi(x)dx$$

(9) 変域 $a \leq x \leq b$ において $f(x) = g(x)\varphi(x)$ とし，この変域内のすべての x の値に対し $g(x) > 0$ とする．この $\varphi(x)$ の最大値を M，最小値を m とすると

$$m\int_a^b g(x)dx < \int_a^b g(x)\varphi(x)dx < M\int_a^b g(x)dx$$

なお；$g(x) < 0$ だと，不等号は反対の向きをとる．

(10) 変域 $a \leq x \leq b$ での $f(x)$ の最大値を M，最小値を m とすると

$$m(b-a) < \int_a^b f(x)dx < M(b-a)$$

(11) 変域 $a \leq x \leq b$ におけるすべての x の値に対して $f(x)$ が連続であると

$$\int_a^b f(x)dx = (b-a)f(\xi) \quad (a < \xi < b)$$

となる ξ は必ず存在する．従って次のような θ も存在する．

$$\int_a^b f(x)dx = (b-a)f\{a + \theta(b-a)\} \quad \text{ただし } 0 < \theta < 1$$

これを定積分の平均値の定理という．

(12) 積分区域 $[0, a]$ 内で積分変数を x とする定積分は積分変数を $a - x$ とする定積分に等しい．すなわち

$$\int_0^a f(x)dx = \int_0^a f(a-x)dx$$

(13) 変域を $[a, -a]$ にとったとき次式が成立する

$$\int_{-a}^a f(x)dx = \int_0^a \{f(-x) + f(x)\}dx$$

$f(x)$ が偶関数だと $\int_{-a}^a f(x)dx = 2\int_0^a f(x)dx$

$f(x)$ が奇関数だと $\int_{-a}^a f(x)dx = 0$

(14) 変域 $[a, 0]$ を $\left[\dfrac{a}{2}, 0\right]$ にとると次式が成立する．

$$\int_0^a f(x)dx = \int_0^{\frac{a}{2}} \{f(x) + f(a-x)\}dx$$

$f(a-x) = f(x)$ であると $\int_0^a f(x)dx = 2\int_0^{\frac{a}{2}} f(x)dx$

$f(a-x) = -f(x)$ であると $\int_0^a f(x)dx = 0$

(15) 任意の整数 n に対し，a を定数として $f(x) = f(x + na)$ が成立するとき，m を任意の正の整数とすると

$$\int_0^{ma} f(x)dx = m\int_0^a f(x)dx$$

(16) $f(x)$ を区間 $[a, b]$ で定義された連続関数とすると，$a \leq x \leq b$ なる x において次式が成立する

$$\frac{d}{dx}\int_a^x f(x)dx = f(x)$$

4 定積分の計算の要点

第1種特異積分 〔2〕特異積分

被積分関数 $f(x)$ が限界内で連続であり限界 a, b が有限なものを一般の定積分としたが,$f(x)$ がその限界内のある点で不連続となるものを**第1種特異積分**と云い,$\varepsilon>0$ として次のように定義する.

$$x=a \text{で} f(a) \to \infty \text{となるとき} \lim_{\varepsilon \to 0}\int_{a+\varepsilon}^{b} f(x)dx$$

$$x=b \text{で} f(b) \to \infty \text{となるとき} \lim_{\varepsilon \to 0}\int_{a}^{b-\varepsilon} f(x)dx$$

$a<c<b$ なる c 点で $f(c) \to \infty$ となるとき,$\varepsilon'>0$ として

$$\int_a^b f(x)dx = \lim_{\varepsilon \to 0}\int_a^{c-\varepsilon} f(x)dx + \lim_{\varepsilon' \to 0}\int_{c+\varepsilon'}^b f(x)dx$$

第2種特異積分 また,$a \to \pm\infty$,$b \to \pm\infty$ において積分値が一定値になるものを**第2種特異積分**という.

置換積分法 〔3〕定積分での置換積分法

定積分で置換積分法を用いたときは旧変数にもどす必要はない.今,$f(x)$ が変域 $[a, b]$ で連続であり,かつ $x = \varphi(z)$ も同変域内で連続で導関数を有するものとし,x が b のとき z は q,x が a のとき z が p とすると

$$\int_a^b f(x)dx = \int_p^q f\{\varphi(z)\}\varphi'(z)dz$$

というように定積分の上端および下端を z に対応する値に書き改めると z について定積分を計算すればよいことになる.

部分積分法 〔4〕定積分での部分積分法

$f(x)$,$g(x)$ が変域 $[a, b]$ で連続であり,かつ連続な導関数を有するとき,これに部分積分法を用いると

$$\int_a^b f(x)g'(x)dx = \left[f(x)g(x)\right]_a^b - \int_a^b f'(x)g(x)dx$$

というように積分記号を有さない項にも積分の上端および下端を入れて差を作る計算を行う.また

$$\int_a^b f(x)g'(x)dx = f(a)\int_a^\xi g'(x)dx + f(b)\int_\xi^b g'(x)dx$$

第2平均値の定理 となるような ξ の値が必ず a と b の間に存在する.これを**定積分での第2平均値の定理**という.

近似計算法 〔5〕定積分の近似計算法

これには台形公式(第一と第二とあり),シンプソンの公式,級数展開法などがあるが,一般的な次の二つを記する.

台形公式 (1) 台形公式

区間 $[a, b]$ を n 等分し,それらの区分点での $y = f(x)$ の値を y_0,y_1,y_2,……y_n と

4 定積分の計算の要点

し $h = (b-a)/n$ とすると

$$\int_a^b f(x)dx \fallingdotseq \frac{h}{2}\{y_0 + 2(y_1 + y_2 + \cdots\cdots + y_{n-1}) + y_n\}$$

シンプソンの公式

(2) シンプソンの公式

区間 $[a, b]$ を $2n$ 等分し，それらの区分点での $y=f(x)$ の値を $y_0, y_1, y_2, \cdots\cdots y_n$ とし $h=(b-a)/2n$ とすると

$$\int_a^b f(x)dx \fallingdotseq \frac{h}{3}\{y_0 + 4(y_1 + y_3 + y_5\cdots\cdots + y_{2n-1})$$
$$+ 2(y_2 + y_4 + y_6 + \cdots\cdots + y_{2n-2}) + y_{2n}\}$$

平面図形

[6] 平面図形の面積

$y=f(x)$ が区間 $[a, b]$ 内で X 軸との間に形成する面積 S は

$$S = \int_a^b f(x)dx$$

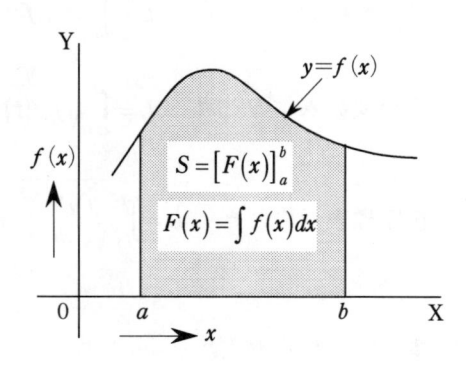

$S = [F(x)]_a^b$

$F(x) = \int f(x)dx$

または

$$S = \int_a^c f(x)dx + \int_c^b f(x)dx \quad a < c < b$$

二つの曲線 $y=f(x)$ と $y=\varphi(x)$ によって $[a, b]$ 間においてかこまれた面積 S は次式で求められる．

$$S = \int_a^b \{f(x) - \varphi(x)\}dx$$

Y 軸との間に形成する面積は

$$S = \int_\alpha^\beta f(y)dy$$

極座標

極座標によってあらわされたときの面積

$$S = \int_\alpha^\beta \frac{r^2}{2}d\theta$$

媒介変数表示

媒介変数表示であらわされたときの面積

$$S = \int_{t_1}^{t_2} g(t)f'(t)dt$$

または

$$S = \frac{1}{2}\int_{t_1}^{t_2}\{f(t)g'(t) - g(t)f'(t)\}dt$$

4 定積分の計算の要点

閉曲線の面積

$$S = \frac{1}{2}\oint(xdy - ydx) = \frac{1}{2}\oint\{f(t)g'(t) - g(t)f'(t)\}dt$$

曲線の長さ
平面曲線

〔7〕 曲線の長さ

平面曲線のある区間の長さは次の諸式によって計算する．

直交座標表示 $y = f(x)$ のとき　　$L = \int_a^b \sqrt{1 + y'^2}\,dx$

媒介変数表示 $x = f(t),\ y = f(t)$ のとき　　$L = \int_{t_1}^{t_2} \sqrt{f'(t)^2 + g'(t)^2}\,dt$

極座標表示 $r = f(\theta)$ のとき　　$L = \int_\alpha^\beta \sqrt{f(\theta)^2 + f'(\theta)^2}\,d\theta$

空間曲線

空間曲線の長さは次式によって求める

直交座標表示のとき　　$L = \int_a^b \sqrt{1 + f'(x)^2 + g'(x)^2}\,dx$

媒介変数表示のとき　　$L = \int_{t_1}^{t_2} \sqrt{f_1'(t)^2 + f_2'(t)^2 + f_3'(t)^2}\,dt$

極座標表示のとき　　$L = \int_{t_1}^{t_2} \sqrt{\left(\frac{dr}{dt}\right)^2 + r^2\left(\frac{d\theta}{dt}\right)^2 + r^2\sin^2\theta\left(\frac{d\varphi}{dt}\right)^2}\,dt$

立体・回転体の体積

〔8〕 立体・回転体の体積

立体の中心をX軸においたとき，その任意の垂直断面積が x の関数 $f(x)$ であらわされるとき，区間 $[a, b]$ における立体の体積は次式で与えられる．

$$V = \int_a^b f(x)\,dx$$

また，一つの母線 $y = f(x)$ がX軸を回転軸として回転して生ずる回転体の区間 $[a, b]$ での体積は次式によって求められる．

$$V = \pi\int_a^b f(x)^2\,dx = \pi\int_a^b y^2\,dx$$

さらに，一つの母線 $x = f(y)$ がY軸を回転軸として回転して生ずる回転体の区間 $[\alpha, \beta]$ での体積は次式によって計算できる．

$$V = \pi\int_\alpha^\beta f(y)^2\,dy = \pi\int_\alpha^\beta x^2\,dy$$

立体・回転体の表面積

〔9〕 立体・回転体の表面積

xy 平面上の曲線 $y = f(x)$ の $x = a$ から $x = b$ までの部分がX軸のまわりに回転して生ずる回転体の表面積 S_x は

$$S_x = 2\pi\int_a^b y\sqrt{1 + \left(\frac{dy}{dx}\right)^2}\,dx = 2\pi\int_a^b f(x)\sqrt{1 + f'(x)^2}\,dx$$

$$= 2\pi \int_a^b y\sqrt{1+y'^2}\,dx = 2\pi \int \sqrt{y^2 + (yy')^2}\,dx$$

また，曲線がY軸を回転軸としたときは

$$S_y = 2\pi \int_\alpha^\beta x\sqrt{1+\left(\frac{dx}{dy}\right)^2}\,dy = 2\pi \int_\alpha^\beta f(y)\sqrt{1+f'(y)^2}\,dy$$

によって求められる．なお，曲線の方程式が $x=f(t)$, $y=g(t)$ で与えられたときは，次式によって計算する．

$$S_x = 2\pi \int_{t_1}^{t_2} g(t)\sqrt{f'(t)^2 + g'(t)^2}\,dt$$

$$S_y = 2\pi \int_{t'}^{t''} f(t)\sqrt{f'(t)^2 + g'(t)^2}\,dt$$

5 定積分の計算の練習問題

〔問1〕「1 定積分の性質」に記した諸方法を用いて次の定積分の値を求めよ．

(1) $\int_2^3 6x^2 dx$

(2) $\int_0^1 (x^2-2x+2)(x-1)dx$

(3) $\int_1^2 \dfrac{x}{1+x^2}dx$

(4) $\int_0^1 \dfrac{x^{\frac{3}{2}}}{1+x}dx$

(5) $\int_0^1 \dfrac{1}{x^2-x+1}dx$

(6) $\int_0^1 \dfrac{1-x^2}{1+x^2}dx$

(7) $\int_0^1 \dfrac{x}{x^2+x+1}dx$

(8) $\int_1^4 \dfrac{1+3x}{x+2x^2+x^3}dx$

(9) $\int_0^\infty \dfrac{1}{(x+1)(x+2)}dx$

(10) $\int_2^6 (x+1)\sqrt{x-2}\,dx$

(11) $\int_1^4 \dfrac{x}{\sqrt{2+4x}}dx$

(12) $\int_0^1 \dfrac{x^2}{\sqrt{2-x^2}}dx$

(13) $\int_0^{2a} \dfrac{2\sqrt{2a}}{\sqrt{2a-x}}dx$

(14) $\int_0^a \dfrac{1}{\sqrt{x+a}+\sqrt{x}}dx$

(15) $\int_0^{\frac{\pi}{2}} \sin(\alpha-x)\cos(\beta+x)dx$

(16) $\int_0^{\frac{\pi}{4}} \tan^2 x\,dx$

(17) $\int_0^\pi \sqrt{2(1+\cos x)}\,dx$

(18) $\int_0^{\frac{\pi}{4}} \sec^4 x\,dx$

(19) $\int_0^{\frac{\pi}{2}} \dfrac{\sin^3 x}{1+\cos x}dx$

(20) $\int_0^{\frac{\pi}{2}} \dfrac{\cos x}{1+\sin^2 x}dx$

(21) $\int_0^{\frac{2\pi}{3}} \dfrac{1}{1+\cos^2 x}dx$

(22) $\int_0^{\frac{\pi}{2}} \dfrac{1}{(a^2\cos^2 x+b^2\sin^2 x)^2}dx$

(23) $\int_0^\pi \dfrac{x\sin x}{1+\cos^2 x}dx$

(24) $\int_0^\pi \dfrac{\sin(2n-1)x}{\sin x}dx \ (n=1,\ 2,\ 3\cdots)$

(25) $\int_0^1 \tan^{-1} x\,dx$

(26) $\int_0^a \sqrt{a^2-x^2}\cos^{-1}\dfrac{x}{a}dx$

(27) $\int_0^\infty x^n \varepsilon^{-x} dx \ (n > 0)$ (28) $\int_0^\infty \varepsilon^{-ax} \cos bx \, dx \ (a < 0)$

(29) $\int_0^\infty \dfrac{1}{a^2 \varepsilon^x + b^2 \varepsilon^{-x}} dx$ (30) $\int_0^{\log 5} \dfrac{\varepsilon^x \sqrt{\varepsilon^x - 1}}{\varepsilon^x + 3} dx$

(31) $\int_0^a \log(1 + \tan a \tan x) dx$

〔2〕「2 定積分の応用一般」の練習問題

(1) $y = f(x) = x^2 - 1$ なる曲線がX軸との間に形成する面積を $x = 0$ から $x = 2$ なる区間について求めよ.

(2) $y^2 = 4ax$, ただし $a > 0$ がY軸との間に形成する面積を $y = 0$ から $y = 2a$ の区間について求めよ.

(3) $y = x^2$ と $y = 1$ によってかこまれた面積を求めよ.

(4) $y^2 = 4x$ と $y + 3 = x$ によってかこまれた面積を求めよ.

(5) 放物線 $x = x^2$ と原点を中心とした円 $x^2 + y^2 = 6$ の上半分によってかこまれた面積を求めよ.

(6) $3x^2 - 10xy + 10y^2 - 2 = 0$ なる閉曲線のかこむ面積を求めよ.

(7) 放物線 $y^2 = ax \, (a > 0)$ のつつむ面積ROQは常にこれと対応する矩形PQRSの面積の $\dfrac{2}{3}$ になることを証明せよ.

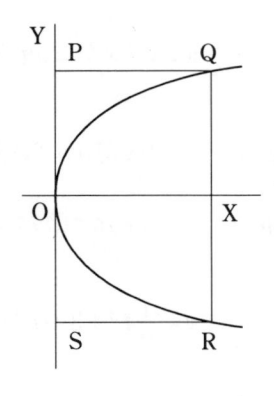

2葉曲線 (8) 図のような2葉曲線 $r^2 = a^2 \cos 2\theta$ がかこむ面積を求めよ.

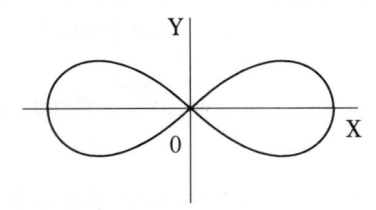

5 定積分の計算の練習問題

(9) カージオイド曲線 $r = a(1 + \cos\theta)$ のかこむ面積を求めよ.

(10) $x = a\cos^3\theta,\ y = a\sin^3\theta$ のかこむ面積を求めよ.

(11) 平面上におかれた閉面積が S のコイルに流れる単位電流が，このコイルの内部におかれた単位磁極に及ぼす力を F とすると次の関係の成立することを証明せよ.
$$F \geqq 2\pi\sqrt{\frac{\pi}{S}}$$

(12) $f(x) = \int_1^x \frac{1}{t}dt$ で新しい関数 $f(x)$ を定義すると，この関数は
$$f(xy) = f(x) + f(y)$$
を満足することを証明せよ.

(13) 曲線 $y = x^{\frac{3}{2}}$ の x が 0 から 4 までの長さを求めよ.

(14) 曲線 $x^2 + 2y + 2 = 0$ の x が $-\sqrt{2}$ から 0 までの長さを求めよ.

放物線　(15) 放物線 $y^2 = 4ax$ の x が 0 から a までの長さを求めよ.

(16) 放物線 $4y = x^2$ の x が -2 から 4 までの長さを求めよ.

(17) $y = \log\cos x$ の x が 0 から $\pi/3$ までの長さを求めよ.

けん垂曲線　(18) けん垂曲線 $y = \dfrac{a}{2}\left(\varepsilon^{\frac{x}{a}} + \varepsilon^{-\frac{x}{a}}\right)$ の x が 0 から 6 までの長さを求めよ.

(19) $y = \dfrac{x^2}{2} - \dfrac{1}{4}\log x$ の x が $-\sqrt{2}$ から 0 までの長さを求めよ.

(20) $y = \log(1 - x^2)$ の x が 0 から $3/4$ までの長さを求めよ.

(21) $x = 5\sin\theta,\ y = 5\cos\theta$ の θ が $-\pi/3$ から $\pi/2$ までの長さを求めよ.

(22) $x = 4 + 2t,\ y = \dfrac{1}{2}t^2 + 3$ の t が -2 から 2 までの長さを求めよ.

(23) $x = \varepsilon^\alpha\cos\alpha,\ y = \varepsilon^\alpha\sin\alpha$ の α が 0 から 2 までの長さを求めよ.

(24) $r = 2/(1 + \cos\theta)$ の θ が 0 から $\pi/2$ までの長さを求めよ.

対数スパイラル曲線　(25) 対数スパイラル曲線 $r = \varepsilon^{\alpha\theta}$ の θ が θ_1 から θ_2 までの長さを求めよ.

錐体の体積　(26) 任意の錐体の体積は底面積と高さの積の $1/3$，すなわち図において

$$V = \frac{1}{3}Sh$$

となることを証明せよ．

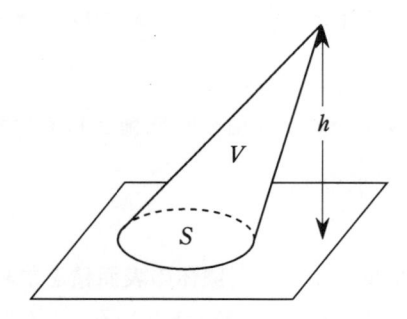

余弦曲線　(27) 余弦曲線 $y = \cos x$ の1周期をX軸のまわりに回転したとき生ずる立体の体積を求めよ．

円環の体積　(28) MN軸より距離が a なる点に中心 0 をおく半径 r なる円が MN 軸のまわりに回転して生ずる円環の体積を求めよ．── 円 $(x-a)^2 + y^2 = r^2$ がY軸を回転軸とした場合の回転体になる ──

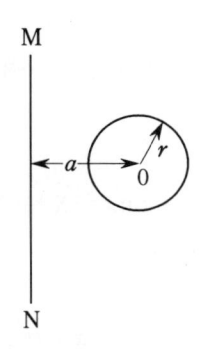

(29) 直線 $3x + 10y = 30$ と座標軸にかこまれた三角形をX軸のまわりに回転して生ずる回転体の体積を求めよ．

双曲線　(30) 双曲線 $\dfrac{x^2}{a^2} - \dfrac{y^2}{b^2} = 1$ がX軸を回転軸として回転したときの回転体の体積を $x = 0$ から $x = 2a$ までについて求めよ．

(31) $y = \dfrac{8a^3}{x^2 + 4a^2}$ をX軸のまわりに回転して生ずる回転体の体積を求めよ．

(32) $ay^2 = x^3$ と直線 $x = a$ にかこまれた図形をY軸のまわりに回転して生ずる回転体の体積を求めよ．

指数曲線　(33) 指数曲線 $y = \varepsilon^x$ と座標軸とにかこまれた図形をY軸のまわりに回転して生ずる回転体の体積を求めよ．

5 定積分の計算の練習問題

	(34) 平面 $\dfrac{x}{a}+\dfrac{y}{b}+\dfrac{z}{c}=1$ が座標面との間に形成する体積を求めよ．
放物体	(35) 放物体 $x=\dfrac{y^2}{b^2}+\dfrac{z^2}{c^2}$ の $x=0$ から $x=a$ の間にある部分の体積を求めよ．

(36) $y=2\sqrt{x}$ が X 軸を回転軸として生ずる回転体の表面積を $x=0$ から $x=8$ の区間について求めよ．

円環体の表面積　(37) 問題 (28) の円環体の表面積を求めよ．
　　　注： (28) や本問は積分を用いるまでもなく求まる．すなわち， (28) は断面積が πr^2 で長さが $2\pi a$ の円柱に等しく体積は $\pi r^2 \times 2\pi a = 2\pi^2 r^2 a$ になり，本問は $2\pi r \times 1$ なる表面積が長さ $2\pi a$ に亘ってあるので $2\pi r \times 2\pi a = 4\pi^2 ra$ になる．しかし積分によって求める工夫をしてみられよ．ここでは常に大局的な観察を忘れてはならないという注意を喚起するために記した．

輪線　(38) 曲線 $9ay^2 = x(3a-x)^2$ の輪線が X 軸のまわりに回転して生ずる回転体の表面積を求めよ．

(39) 半径 r の4分円がその一端での接線を回転軸として回転して生ずる回転体の表面積を求めよ．

正弦曲線　(40) 正弦曲線 $y=\sin x$ が X 軸のまわりに回転して生ずる回転体の $x=0$ から $x=\pi$ までの表面積を求めよ．

指数曲線　(41) 指数曲線 $y=\varepsilon^{-x}$ の $x>0$ なる部分を X 軸のまわりに回転して生ずる回転体の表面積を求めよ．

(42) $y=\dfrac{a}{2}\left(\varepsilon^{\frac{x}{a}}+\varepsilon^{-\frac{x}{a}}\right)$ が X 軸を回転軸として回転したときの回転体の $x=0$ から $x=a$ の間の表面積を求めよ．

(43) $x=\sqrt{2}t^2$, $y=2t$ で示される図形が回転して生ずる回転体の表面積を $t=0$ から $t=2$ までについて求めよ．

(44) $x=a(q-\sin q)$, $y=a(1-\cos q)$ にて表示される図形が回転して生ずる回転体の表面積を求めよ．

(45) 極座標表示で与えられた図形 $r^2=a^2\cos 2\theta$ が原線のまわりに回転して生ずる回転体の表面積を求めよ．

練習問題の解答

[問1]

(1) 38

(2) $-\dfrac{3}{4}$

(3) $\dfrac{1}{2}\log\dfrac{5}{2}$

(4) $\dfrac{\pi}{2}-\dfrac{4}{3}$

(5) $\dfrac{2\pi}{3\sqrt{3}}$

(6) $\dfrac{\pi}{2}-1$

(7) $\dfrac{1}{2}\left(\log 3-\dfrac{\pi}{3\sqrt{3}}\right)$

(8) $\log\dfrac{8}{5}+\dfrac{3}{5}$

(9) $\log 2$

(10) $\dfrac{144}{5}$

(11) $\dfrac{3\sqrt{2}}{2}$

(12) $\dfrac{\pi}{4}-\dfrac{1}{2}$

(13) $8a$

(14) $\dfrac{4}{3}(\sqrt{2}-1)\sqrt{a}$

(15) $\dfrac{\pi}{4}\sin(\alpha+\beta)-\dfrac{1}{2}\cos(\alpha-\beta)$

(16) $1-\dfrac{\pi}{4}$

(17) 4

(18) $\dfrac{4}{3}$

(19) $\dfrac{1}{2}$

(20) $\dfrac{\pi}{4}$

(21) $\dfrac{1}{\sqrt{2}}\tan^{-1}\sqrt{\dfrac{2}{3}}$

(22) π

(23) $\dfrac{\pi}{4ab}\left(\dfrac{1}{a^2}+\dfrac{1}{b^2}\right)$

(24) $\dfrac{\pi^2}{4}$

(25) $\dfrac{\pi}{4}-\dfrac{1}{2}\log 2$

(26) $\dfrac{a^2}{16}(\pi^2+4)$

(27) $n!$

(28) $\dfrac{a}{a^2+b^2}$

(29) $\dfrac{1}{ab}\left(\dfrac{\pi}{2}-\tan^{-1}\dfrac{a}{b}\right)$

(30) $4-\pi$

(31) $a\log\sec a$

[問2]

(1) 2

(2) $\dfrac{2}{3}a^2$

練習問題の解答

(3) $\dfrac{4}{3}$

(4) $18\dfrac{2}{3}$

(5) $3\sin^{-1}\dfrac{1}{\sqrt{3}}+\dfrac{2\sqrt{2}}{3}$

(6) $\dfrac{2\pi}{\sqrt{5}}$

(8) a^2

(9) $\dfrac{3\pi a^2}{2}$

(10) $\dfrac{3\pi a^2}{8}$

(13) $\dfrac{8}{27}(10\sqrt{10}-1)$

(14) $\dfrac{1}{2}\{\sqrt{6}+\log(\sqrt{3}+\sqrt{2})\}$

(15) $\sqrt{2}a+a\log(1+\sqrt{2})$

(16) $2\sqrt{5}+\sqrt{2}+\log\dfrac{\sqrt{5}+2}{\sqrt{2}-1}$

(17) $\log(2+\sqrt{3})$

(18) $\dfrac{a}{2}\left(\varepsilon^{\frac{b}{a}}-\varepsilon^{-\frac{b}{a}}\right)$

(19) $\dfrac{9}{8}$

(20) $-\dfrac{3}{4}+\log 7$

(21) $\dfrac{25\pi}{6}$

(22) $4\{\sqrt{2}+\log(\sqrt{2}+1)\}$

(23) $\sqrt{2}(\varepsilon^2-1)$

(24) 2.295

(25) $\dfrac{1}{\alpha}\sqrt{1+\alpha^2}\left(\varepsilon^{\alpha\theta_2}-\varepsilon^{\alpha\theta_1}\right)$

(27) $\pi^2/2$

(28) $2\pi^2 r^2 a$

(29) 30π

(30) $\dfrac{8}{3}\pi ab^2$

(31) $4\pi^2 a^3$

(32) $\dfrac{4}{7}\pi a^3$

(33) 2π

(34) $\dfrac{1}{6}abc$

(35) $\dfrac{1}{2}\pi a^2 bc$

(36) $\dfrac{208\pi}{3}$

(37) $4\pi^2 ra$

(38) $3\pi a^2$

(39) $\pi(\pi-2)r^2$

(40) $2\pi\{\sqrt{2}+\log(\sqrt{2}+1)\}$

(41) $\pi\{\sqrt{2}+\log(\sqrt{2}+1)\}$

(42) $\dfrac{\pi a^2}{4}(\varepsilon^2-\varepsilon^{-2}+4)$

(43) $\dfrac{104\pi}{3}$

(44) $\dfrac{64}{3}\pi a^2$

(45) $\dfrac{1}{4}\pi^2 a^2$

数式

$\int_0^\pi f(\sin x)dx$ 6

$\int_0^{ma} f(x)dx$ 6

$\int_0^{2m\pi} f(\sin x)dx$ 6

$\dfrac{d}{dx}F(x)$ 7

$\lim\limits_{b\to\infty}\int_a^b f(x)dx$ 8

$\lim\limits_{b\to\infty}\int_a^b f(x)dx$ 8

$\lim\limits_{a\to-\infty}\int_a^b f(x)dx$ 8

$\int_1^\infty \dfrac{1}{x^2}dx$ 8

$\int_0^a \dfrac{1}{\sqrt{a^2-x^2}}dx$ 9

$\int_0^1 \dfrac{1}{\sqrt{x}}dx$ 9

$\int_1^\infty \dfrac{1}{x^2}dx$ 9

$\int_0^3 \dfrac{1}{(x-1)^{\frac{2}{3}}}dx$ 9

$\int_0^1 \dfrac{x^2}{\sqrt{2-x^2}}dx$ 10

$\int_0^1 \dfrac{1}{1+x^2}dx$ 11

$\int_0^\pi \dfrac{x\sin x}{1+\cos^2 x}dx$ 11

$\dfrac{d}{dz}\left\{\int_a^x f(x)dx\right\}$ 12

$\int_0^{\frac{1}{\sqrt{2}}} \dfrac{1}{\sqrt{1-x^2}}dx$ 13

$\int_0^{\frac{1}{\sqrt{2}}} x(1-x^2)dx$ 13

$\int_0^1 x\sqrt{x^2+1}\,dx$ 13

$\int_a^b f(x)\varphi(x)dx$ 14

$\int_0^\pi x\cos x\,dx$ 14

$\int_0^2 \dfrac{1}{(x-1)^2}dx$ 15

$\int_{-1}^1 \dfrac{1}{\sqrt{1+x^2}}dx$ 16

$\int_0^1 \dfrac{1}{\sqrt{x(1-x)}}dx$ 17

$\int_1^\varepsilon \dfrac{1}{x\{1+(\log x)^2\}}dx$ 17

$\int_0^{\frac{\pi}{2}} x^3 \sin x\,dx$ 17

$\int_0^1 \varepsilon^{-x^2}dx$ 21

$\int_0^{\frac{\pi}{2}} \dfrac{\sin x}{x}dx$ 21

$\int_a^b \dfrac{\beta}{\alpha x}dx = \dfrac{\beta}{\alpha}$ 23

$\int_0^\infty \dfrac{1}{a+bx^2}dx$ 23

$\int_0^\infty \dfrac{1}{x^4+1}dx$ 23

$\int_{-a}^a \dfrac{\sqrt{a^2-t^2}}{x-t}dt$ 23

$\int_0^{\frac{\pi}{2}} \sin^{2n+1}x\,dx$ 23

$\int_0^\pi \sin ax\sin bx\,dx$ 23

$\int_0^\infty \dfrac{\sin bx}{x}dx$ 23

索 引

英字

n 相整流器	65
2葉曲線	79

ア行

円の面積	28
円環の体積	81
円環体の表面積	82
円周長	35
円柱切片	40
円板光源	70

カ行

カージオイド曲線	36, 48
ガウスの定理	52
可動コイル形電流計	57, 59
回転軸	39
回転体	39
回転体の体積	39
回転体の表面積	44
回転放物線体	40
回転面	39
関数値の平均値	4
奇関数	5
輝度	67
球の表面積	44
球体の体積	41
球帯の表面積	46
級数展開	21
鋸歯状波	56
曲線の長さ	33, 34, 76
曲線長の計算	32
極座標	26, 34, 35, 36, 75
極方程式	33
近似計算法（定積分の）	74
矩形 コイル	50
矩形衝撃波	57

空間の電荷密度	51
空間曲線	76
空間曲線の長さ	35
偶関数	5
けん垂曲線	80
光錐体	69
光束	68
光度	67

サ行

サイクロイド曲線	30, 37
三角波	55
三葉曲線	30
シンプソンの公式	19, 20, 75
指数曲線	81, 82
磁界の強さ	50
実効値	52
充電電流	63
水圧管	61
水平照度	68, 69
錐体の体積	80
図解定積分法	21
正規	3
正弦曲線	82
正弦波	27, 52
積分変数	1
全波整流	59
線路損失の計算	62
線路抵抗損失	62
双曲線	81

タ行

多価関数	10
楕円	36
楕円の面積	29
楕円波	54

索 引

対数スパイラル曲線 80
第1種特異積分 8, 13, 74
第2種完全楕円積分 36
第2種特異積分 8, 74
第2平均値の定理 15, 74
台形公式 18, 19, 74
台形波 55
単位球法 68
短回転楕円体 42
短回転楕円体の表面積 46
置換積分法 12, 13, 74
長回転楕円体 42
長回転楕円体の表面積 45
直円錐 39, 43
直流電圧 65
つるまき線 38
定積分 1
定積分の結合法則 2
定積分の平均値の定理 4
電線のたるみ 63
電流力形電流計 58
電力 58
等輝度完全拡散円柱光源 67
特異積分 8, 10

ハ行

波形率 52
波高率 52
配光曲線 67
媒介変数 35
媒介変数表示 33, 36, 75
半円波 53
ビール樽の体積 42
ビオ・サバールの法則 50
ひずみ波交流 57
被積分関数 1
部分積分法 14, 74

平均値 52
平面曲線 76
平面図形 75
閉曲線の面積 27
星形曲線 37, 47
母線 39
放物線 47, 80
放物体 82

マ行

脈動回路 60
面積 24

ヤ行

余弦曲線 81

ラ行

ランベルト余弦法則 69
ら線 38
離心率 36
立体・回転体の体積 76
立体・回転体の表面積 43, 76
立体角投射 68, 69, 71
輪線 82

d-book
定積分の計算

2000年8月20日　第1版第1刷発行

著　者　田中久四郎
発行者　田中久米四郎
発行所　株式会社電気書院
　　　　東京都渋谷区富ケ谷二丁目2-17
　　　　（〒151-0063）
　　　　電話03-3481-5101（代表）
　　　　FAX03-3481-5414
制　作　久美株式会社
　　　　京都市中京区新町通り錦小路上ル
　　　　（〒604-8214）
　　　　電話075-251-7121（代表）
　　　　FAX075-251-7133

印刷所　創栄印刷株式会社

Ⓒ2000HisasiroTanaka　　　　　　Printed in Japan
ISBN4-485-42921-0　　［乱丁・落丁本はお取り替えいたします］

〈日本複写権センター非委託出版物〉

　本書の無断複写は，著作権法上での例外を除き，禁じられています．
　本書は，日本複写権センターへ複写権の委託をしておりません．
　本書を複写される場合は，すでに日本複写権センターと包括契約をされている方も，電気書院京都支社（075-221-7881）複写係へご連絡いただき，当社の許諾を得て下さい．